Peter Schneider
Typenkompass Unimog – Band 2
seit 1974

Peter Schneider

Typen kompass

UNIMOG

seit 1974

Band 2

Motor buch Verlag

Einbandgestaltung: Katja Draenert

Bildnachweis:
Fotos und Quellen: Konzernarchiv der DaimlerChrysler AG Stuttgart,
DaimlerChrysler Vertrieb/Marketing Produktbereich Unimog Werk Gaggenau.

ISBN 3-613-02190-0

1. Auflage 2002

Lektorat: Joachim Kuch
Innengestaltung: Marit Wolff
Reproduktion: digi bild reinhardt, 73037 Göppingen
Druck: Henkel-Druck, 70435 Stuttgart
Bindung: Nething Buchbinderei, 73235 Weilheim/Teck
Printed in Germany

Inhalt

Einführung

Seit mehr als fünf Jahrzehnten gibt es den Unimog, das »universell einsetzbare Motorgerät«. Und praktisch genau so lange steht der Name für Vielseitigkeit, höchste Belastbarkeit und Zuverlässigkeit: Dafür bürgen die zahlreichen Fahrzeuge aus den ersten Produktionsjahren, die auch heute noch im Einsatz sind, sowie die stolze Zahl von inzwischen mehr als 320.000 Unimog, die seit 1951 in Gaggenau vom Band gelaufen sind.
Das »Neue« am Transport- und Arbeitsgerät Unimog war die komplette Abkehr vom klassischen »Nur-Schlepper«. Mit einem breiten Spektrum verschiedener An- und Aufbaugeräte sollte es vornehmlich bei der Rationalisierung der Landwirtschaft helfen. Voraussetzung dafür war eine bequeme und einfache Handhabung und Bedienung, eine hohe Geländegängigkeit und Zugkraft – und außerdem sollte das neue Fahrzeug zur Erfüllung landwirtschaftlicher Transportaufgaben auf höhere Geschwindigkeiten als herkömmliche Traktoren ausgelegt sein.
Und kein anderer herkömmlicher Traktor hatte das zu bieten, was das Unimog-Konzept charakterisierte und bis heute auszeichnet: Ein Fahrerhaus mit Verdeck und gepolsterten Sitzen, gefederte und gedämpfte Portalachsen, Allradantrieb mit hundertprozentig wirkenden Differenzialsperren vorne und hinten, Bremsen auch an den Vorderrädern, Gerätean- und Aufbaumöglichkeiten vorn in der Mitte, seitlich und hinten mit den entsprechenden Antriebsmöglichkeiten (zum Beispiel Zapfwellenabtrieb an mehreren Punkten) sowie eine Hilfsladefläche über der Hinterachse mit einer Tragfähigkeit von einer Tonne.
Obwohl der Unimog ursprünglich als Allround-Fahrzeug für landwirtschaftliche Einsätze entworfen und konzipiert worden war, entwickelte er sich bald zu einem unentbehrlichen Helfer in der Forstwirtschaft und im Weinbau. Auch im kommunalen Winterdienst, als Feuerwehrfahrzeug, im Katastropheneinsatz und im Baugewerbe bewährte sich der Unimog in aller Welt rasch als Transportgerät und Arbeitsmaschine. In der Landwirtschaft spielt der Unimog heute dagegen so gut wie gar keine Rolle mehr.
Der Unimog – inzwischen wurde daraus eine ganze Familie – ist als universell einsetzbare Hochleistungs-Zug- und Arbeitsmaschine für unterschiedlichste Einsatzzwecke mit den verschiedensten Geräten nicht mehr wegzudenken. 24 Vorwärts- und Rückwärtsgänge machten ihn zur straßenschnellen Zugmaschine, der echte Allradantrieb garantiert höchste Zug- und Transportleistung bei maximaler Traktion in schwierigem Gelände. In 165 Ländern der Erde werden heute Unimog-Fahrzeuge eingesetzt. In 5000 m Höhe haben sie sich ebenso bewährt wie 1200 m unter Tage. In der Kälte der Antarktis ebenso wie in der extremen Hitze und Feuchtigkeit tropischer Länder am Äquator. Sahara-Durchquerungen, Expeditionen in tropischen und subtropischen Gebieten, der Einsatz im Tagebau bis hin zur Erdölexploration in der chinesischen Taklamakan-Wüste oder zur Pipelineverlegung in Mexiko haben seinen Ruf als zuverlässiger Helfer in schwierigen Situationen und unter den anspruchsvollsten Einsatzbedingungen gefestigt.
Bei vielen Männern ist der Unimog aus der Bundeswehrzeit als zuverlässiger Kamerad in guter Erinnerung. In der Land- und Forstwirtschaft sind mit dem Unimog wirtschaftliche Gerätekombinationen und zeitsparende, bodenschonende Arbeitsverfahren eingeführt worden. Die Bauwirtschaft verwendet ihn als Träger- und Zugfahrzeug für schwierigste Bodenverhältnisse.

Bei der Waldbrandbekämpfung und im Katastrophenschutz verläßt man sich bei Einsätzen in schwierigem Gelände auf den Unimog. Bei Rangier- und Wartungsarbeiten auf der Schiene ist der Unimog als Zweiwege-Fahrzeug mit Schienenführungseinrichtung ebenso zuhause wie auf der Straße und zieht dort selbst schwerste Waggons. Als Rangier-Zugmaschine wurde ihm eine Anhängelast von bis zu 600 Tonnen amtlich genehmigt.
Seine Domäne hat der Unimog heute allerdings in dem Bereich gefunden, in dem Sicherheit besonders groß geschrieben wird – in der Kommunalwirtschaft. Das System »Unimog plus Gerät« wird durch die Unimog-Vertriebsorganisation angeboten und betreut. Der Unimog ist in diesem Segment im Ganzjahreseinsatz rund um die Uhr unterwegs und somit der Garant für die Mobilität und Sicherheit des Straßenverkehrs im Sommer wie im Winter. Die leistungsfähigen Partner des Unimog – die Gerätehersteller – entwickeln ständig neue und optimierte Geräte für die sich ändernden Marktverhältnisse, um die einzelnen Bestandteile der Infrastruktur von Städten und Gemeinden zu pflegen, zu erhalten und damit Kosten zu sparen. Gerade beim Aufbau des kommunalen Netzes in den ostdeutschen Bundesländern zeigte der Unimog eindrucksvoll, wie Wirtschaftlichkeit, Sicherheit und Leistung in Einklang zu bringen sind.
Bei über 3000 An- und Aufbaugeräten für den Unimog von weltweit mehr als 230 Herstellern spielt die richtige Beratung für den Kunden durch die leistungsfähige Vertriebsorganisation der Unimog-Generalvertretungen eine tragende Rolle. Aber den größten Teil seines Erfolges machen auch heute noch die Konstruktionsprinzipien der 50er Jahre aus. Und wie kein zweites Nutzfahrzeug verkörpert der Unimog den Mythos der Marke Mercedes-Benz und deren Werte Zuverlässigkeit, Robustheit, Vielseitigkeit und Langlebigkeit.
Als DaimlerChrysler im Juni 2001 mit einer Sternfahrt in die südbadische Stadt, an der 530 historische Unimog beim weltgrößten Unimog-Treffen teilnahmen, den 50sten Produktionsgeburtstag des Unimog in Gaggenau feiern konnte – wo am 3. Juni 1951 der erste Mercedes-Benz Unimog vom Band lief – war er rüstiger denn je und bestens auf die Zukunft vorbereitet. Doch diese wird der Unimog in absehbarer Zeit nicht mehr in Gaggenau, sondern in Wörth, seiner künftigen Produktionsstätte, erleben. An seinen Qualitäten wird sich allerdings nichts ändern.

Anmerkungen zu den Unimog-Modellreihen

Mercedes-Benz Unimog 1976–1988, Baureihe 425

Neben der kontinuierlichen Weiterentwicklung des laufenden Unimog-Programms stellte Daimler-Benz auf der DLG in Frankfurt 1974 eine neu entwickelte Unimog-Generation vor, die mit dem Serienstart im Januar 1976 völlig neue Dimensionen erschloss. Die neue schwere Baureihe 425 war durch Verwendung modernster Baugruppen an die vom Markt gestellten Forderungen angepasst und auf die Entwicklungstendenzen des nächsten Jahrzehnts zugeschnitten. So erhielt die neue Unimog-Generation ein völlig neues, großräumiges, hochstellbares Kurzhaubenfahrerhaus, das nun die Scheinwerfer nicht mehr im Kühlergesicht, sondern in den Stoßstangen trug. Ein neu entwickeltes 8-Gang-Getriebe, weiterentwickelte Portalachsen mit Scheibenbremsen, Daimler-Benz Servolenkung und eine druckluftgesteuerte hydraulische Zweikreis-Bremsanlage waren die wesentlichen technischen Merkmale der neuen Unimog-Baureihe. War der bewährte Sechszylinder-Basismotor OM 352 anfangs noch als Saugmotor ausgelegt, so erhielt er kurze Zeit nach dem Serienstart der neuen Unimog-Baureihe einen Abgas-Turbolader. Die neue Motorentechnologie brachte dem Unimog nicht nur eine höhere spezifische Leistung, sondern auch eine bessere Verbrennung und günstigeren Kraftstoffverbrauch. Vom U 1300, U 1500 und U 1500 T wurden insgesamt 3.135 Exemplare hergestellt.

Mercedes-Benz Unimog 1976-1988, Baureihe 424

Das 25jährige Jubiläum der Gaggenauer Unimog-Produktion war im Oktober 1976 der Anlass zur Präsentation einer weiteren Unimog-Baureihe, mit der Daimler-Benz seine gerade in Serie gegangene schwere Baureihe 425 ergänzte. Erster Vertreter der Baureihe 424 war der U 1000. Mit einer Leistung von 95 PS war er vor allem für die Landwirtschaft bestimmt, der als robuster Allradackerschlepper nun auch das moderne und sehr geräumige Fahrerhaus erhielt und unterhalb der Baureihe 425 angesiedelt war. Grund zur Freude gab es im Frühjahr 1977, denn mit dem Serienstart des U 1000 der neuen Unimog-Baureihe 424 lief gleichzeitig der 200.000ste Unimog vom Band. 1982 wurde die Sechszylindermotoren der Baureihe 424 auch mit Abgasturbolader ausgerüstet und verfügten nun über eine Leistung von 125 PS. Im Jahre 1986 rundete der U 1550 mit 150 PS (110 kW) die Baureihe 424 nach oben ab.
Er vereinte die typischen Merkmale des Geräteträgers mit einer besonders hohen Transportkapazität und stellte mit seinem Radstand von 3250 mm die Verbindung zwischen dem U 1700 (Baureihe 435) und dem U 1250 (424) her. Mit insgesamt 11.233 produzierter Unimog war die Baureihe 424 recht erfolgreich.

Mercedes-Benz Unimog 1976-1991 Baureihe 435

Als drittes Mitglied der neuen Unimog-Generation entwickelte Daimler-Benz mit der Baureihe 435 einen Nachfolger für den in die Jahre gekommenen Unimog 404 (Unimog S). Als geländegängige Fahrzeuge waren der U 1300 L, wie auch der U 1700 L für den Transportbedarf der Bundeswehr in der 2-Tonnen-Klasse vorgesehen und erfüllten mit nahezu 22.000 Einheiten, die der Truppe zugingen, die in sie gesteckten Erwartungen. Nicht nur im internationalen Militäreinsatz, auch in der »zivilen« Version machte die Baureihe 435 durch ihren längeren Radstand, der ab 1980 sogar auf 3700 mm vergrößert wurde, als Fahrzeug für Sonderaufbauten auf sich aufmerksam. Dies gelang 1985 besonders gut einem U 1300 L/37, der als Service-Fahrzeug überlegen die Lkw-Wertung der Rallye Paris-Dakar gewann. Die neue Unimog-Generation mit ihrem markanten, neuen Kurzhaubenfahrerhaus hatte sich am Markt durchgesetzt. Allein von der leistungsstärksten Baureihe 435 wurden insgesamt 30.726 Exemplare gebaut.
Den Anforderungen der einzelnen Branchen trug das Unimog-Programm der 80er-Jahre mit drei Baureihen Rechnung, wobei der Unimog der schweren Baureihe 424, 425 und 435 zum Jahresbeginn 1988 nicht nur neue Motoren, sondern auch eine neue Baureihenbezeichnung bekam.

Mercedes-Benz Unimog 1988–1993, Baureihe 407

Strukturwandel und eine noch transparentere Modellbezeichnung kennzeichneten Ende der 80er Jahre das Unimog-Programm, das in der Folgezeit kräftig erweitert und modernisiert werden sollte. Den Anfang der neuen und komplett überarbeiteten Unimog-Familie machte der U 600 der »leichten« Baureihe 407, dessen

Vierzylinder-Dieselmotor, wie beim Urahn, nach dem Vorkammer-Verfahren arbeitete. Auch behielt der kleine 407 das Design des über 20 Jahre alten Fahrerhauses bei, das jedoch grundlegend modifiziert wurde. Neben vielen Detailverbesserungen wie asbestfreie Brems- und Kupplungsbeläge kam in der leichten Baureihe auch ein neues Getriebe mit acht Vorwärts- und vier Rückwärtsgängen zum Einbau. Die »leichte« Baureihe 407 (sie löste den seit 1966 gebauten Unimog 421 ab) gab es in drei Varianten. Den U 600 mit kurzem Radstand (2250 mm), den U 650 als »Arbeitsmaschine mit langem Radstand« (2605 mm) und den U 650 L als »hochgeländegängiges Fahrzeug«, das sich mit seinem langen Radstand (2605 mm) besonders für Sonderaufbauten empfahl. Insgesamt wurden lediglich 789 Unimog der Baureihe 407 produziert.

Mercedes-Benz Unimog 1988 – 1993, Baureihe 417

Mit insgesamt 2.275 gebauter Unimog war die »mittlere« Baureihe 417 wesentlich erfolgreicher als ihre »kleinere« Schwester. Zwar hatte der U 800 als Einstiegsmodell noch den Vierzylinder-Vorkammermotor, doch der U 900 erhielt wieder den bewährten Sechszylinder-Direkteinspritzer seines Vorgängers U 84 der Baureihe 406, den er ablöste. Wie bei der »schweren« Unimog-Baureihe schon seit 1976 üblich, wurden nun auch ab dem U 900 der »mittleren« Baureihe die Scheinwerfer in den Stoßstangen untergebracht. Doch blieb auch bei der 417er-Reihe das »klassische« Fahrerhaus im Design der 70er Jahre das markanteste Unterscheidungsmerkmal. Mit dem U 900 begann auch die Zeit der bis dahin besten, ausgereiftesten Geräteträ-

ger, die bevorzugt dort eingesetzt wurden, wo rund ums Jahr leistungsfähige Allroundgeräte gefragt waren – kleine und wendige Vehikel mit einem ausgewogenen Verhältnis von beanspruchtem Verkehrsraum, Spurweite und Standfestigkeit.

Mercedes-Benz Unimog seit 1988, Baureihe 427

Die mittelschwere Baureihe 427 (U 1000, U 1200, U 1400 und U1600) löste die Baureihe 424 ab. Man bot diverse Radstände an, hochgeländegängige Fahrwerke und Triebköpfe für die Montage unterschiedlichster Ansätze und Sonderaufbauten für tausendundeinen Zweck. Für die Mercedes-Benz-Unimog der neuen schweren Baureihe 427 (wie auch 437) wurde ein neues Motorenprogramm entwickelt. Ziele waren ein höheres Leistungsangebot, ein besseres Drehmomentverhalten und eine Verminderung des Kraftstoffverbrauches bei günstigeren Abgaswerten. Die Nenndrehzahl der modernen Direkteinspritzer-Dieselmotoren der Baureihe 300 (OM 366), wahlweise sogar mit Abgasturbolader und bis zu 156 PS aus sechs Litern Hubraum, betrug einheitlich 2400/min. Gab es den Unimog in seinen »Gründerjahren« meist nur in ein oder zwei verschiedenen Lackierungen, so kam im Laufe der Jahre Farbe ins Spiel. 1994 wurde der Unimog zum Beispiel in sechs verschiedenen Serien- und acht Sonderlackierungen angeboten. Die Farbpalette reichte von Currygelb über Saftgrün bis Enzianblau und Feuerrot, dabei avancierte die Farbe Gelborange mit der RAL-Nr. 2000 zum unangefochtenen Spitzenreiter, die als Standard-Lackierung dem Unimog im Kommunal-Einsatz von Anfang an ihren weit sichtbaren Stempel aufdrückte. Mit mehr als 16.000 produzierter Unimog nimmt die Baureihe 427 mit all ihren Modellvarianten im Unimog-Programm eine dominierende Position ein und hat mit dem U 1400 ein Spitzenmodell, das es bislang auf nahezu 6.000 Exemplare gebracht hatte.

Mercedes-Benz Unimog seit 1988, Baureihe 437

Die bisher gewaltigsten Unimog entstammen der schweren Baureihe 437, die das Modellprogramm nach oben abrundete und gleichzeitig die Baureihe 425 und 435 ablöste. Mit der Markteinführung der schweren Baureihe war nun die Neuordnung des gesamten Unimog-Programms abgeschlossen, die dazu beitrug, das vielseitige, teilweise verwirrende Angebot wesentlich übersichtlicher zu gestalten. Obwohl der Unimog über all die Jahre ständig modifiziert und verbessert wurde, war seine Entwicklung immer noch nicht abgeschlossen, und das Konzept konnte ohne Übertreibung noch als zukunftsweisend bezeichnet werden. Auch die schwere Baureihe 437 blieb äußerlich fast unverändert, doch auch hier tat sich unterm Blech viel Neues: So wurde die Motorenbaureihe OM 352 durch die OM 366-Reihe ersetzt, welche aus den LN2- und MB-trac-Programmen schon gut bekannt waren. Ihre Motoren erreichten dank Turbolader und Ladeluftkühlung bis zu 240 PS. Die unterschiedlichen PS-Leistungen gegenüber den Vorgängermodellen schufen neue Typen. Trotz der enormen Leistungsspanne von 52 bis 240 PS zeichneten sich alle Unimog durch familientypische Charaktereigenschaften, nämlich lange Lebensdauer, günstigen Kraftstoffverbrauch, relativ geringes Gewicht, kompakte Abmessungen und konstruktive Gemeinsamkeiten aus. Ein neu entwickeltes Paket geräuschdämmender Maßnahmen machte 1988 den Unimog zum »lärmarmen Fahrzeug«. Die Geräuschkapselung an Motor und Getriebe, ein neuer Lüfter und eine zusätzlich schallgedämpfte Auspuffanlage sowie weitere gezielte Maßnahmen reduzierten das Geräuschniveau auf 78 dBA. Auch die Kabine wurde durch zusätzliche schalldämmende Maßnahmen im Innenraum merklich leiser. Auf der bauma 1989 präsentierten sich die neuen Unimog U 2100/2150, die die schwere Baureihe 437 um besonders leistungsstarke Geräteträger, Zugmaschinen und Fahrgestelle erweiterten. Als Antrieb diente den neuen Unimog-Modellen der ladeluftgekühlte Turbomotor OM 366 LA mit 214 PS (157 kW), der sich bereits in Mercedes-Benz-Lastwagen bewährt hatte. Die hohen Anforderungen des EG-Binnenmarktes, aber auch die spezifischen Bedingungen in den neuen Bundesländern verhalfen dem Unimog zu neuen Chancen in der Landwirtschaft. Mehrfachnutzung und der kombinierte Landwirtschafts- und Kommunaleinsatz standen Anfang der 90er Jahre für Wirtschaftlichkeit und Rentabilität. Eine Reihe von Sonderausrüstungen wie der Bordcomputer »Unicomp«, die elektronische Hubwerksregelung »terramatic« oder die Reifendruckregelanlage »tirecontrol« erleichterten die Arbeit auf dem Feld zusätzlich. Als im Juli 1994 der 300.000ste Unimog das Montageband in Gaggenau verließ, war es ein Modell der schweren Baureihe, das diesen Produktionsrekord symbolisierte. Der U 2450 L 6x6 mit drei angetriebenen Achsen erweiterte 1995 das Fahrzeugprogramm der schweren Unimog-Typen um ein 6x6-Fahrzeug mit einem zul. Gesamtgewicht von 17 t und einer Nutzlast von bis zu neun Tonnen. Seine Hauptmerkmale sind die hohe Geländegängigkeit, Traktion und Bodenfreiheit sowie die große Bodenhaftung dank neu entwickelter Schraubenfedern mit größeren Federwegen.

Mercedes-Benz Unimog 1992-2001, Baureihe 408 / 418

Auf der Internationalen Automobil-Ausstellung für Nutzfahrzeuge in Hannover stellte Mercedes-Benz im Mai 1992 mit der »leichten« und »mittleren« Baureihe (LBU und MBU) die konsequente Weiterentwicklung eines technischen Konzepts vor, das sich in den letzten 40 Jahren mit über 300.000 verkauften Fahrzeugen weltweit bewährt hatte. Während im Juli 1992 der U 110 und U 140 der mittleren Baureihe 418 in Gaggenau in Serie ging, machte im Spätherbst der U 90 (leichte Baureihe) die Neuordnung der Modellpalette vorerst komplett. Mercedes hatte bis dahin rund 85 Millionen in die Fertigung investiert, bei deren Entwicklung Mensch, Arbeit und Umwelt im Vordergrund standen. Die geräumige Fahrerkabine, das Geräteverriegelungssystem »Servolock«, eine komfortable Bedienung und die weitgehende Einführung umweltverträglicher Techniken sind wesentliche Elemente der Arbeit gewesen. Insassensicherheit und Komfort galt das Hauptaugenmerk. Heraus kam ein ganz neues Fahrerhaus mit vergrößertem Innenraum, verbessertem Einstieg und mit ausgefeilten Bedienungselementen. Der Sichtkanal in der Motorhaube, auffällig und asymmetrisch angeordnet, erlaubte nochmals bessere Sicht auf die Anbaugeräte. Während im U 90 der leichten Baureihe 408 der 5-Zylinder Vorkammerdiesel OM 602 mit 87 PS arbeitete, verfügte der U 110 der mittleren Baureihe 418 über den 4-Zylinder Turbo OM 364 A mit 102 PS. Der ladeluftgekühlte OM 364 LA mit 133 PS (Euro1) bzw. 140 PS (Euro2) trieb den U 140 an. Alle Motoren unterschritten die ab 1. Juli 1992 gültigen EG-Grenzwerte für Abgasemissionen und wurden bei Mercedes als Low Emission Vehicle (LEV-Fahrzeuge) eingestuft, also als Fahrzeuge, die relativ wenig Abgase ausstießen. Mit den neuen Unimog-Baureihen wurde erstmals auch eine Rechtslenker-Version angeboten. Das erleichterte die Arbeit zum Beispiel mit dem Straßenkehrgerät im Kommunaleinsatz. Die Zeichen der Zeit hat Mercedes-Benz beim Umweltschutz in der Unimog-Herstellung erkannt und daraus die Konsequenz gezogen. Cadmium, Ozonschicht-schädigendes FCKW und Krebs-erregen-

des Asbest wurden nicht mehr verwendet. Zwecks späterem sortenreinen Recycling wurden Kunststoffteile mit mehr als 100 Gramm Gewicht gekennzeichnet. Umweltfreundlich war die Verwendung von Bio-Ölen in der Hydraulik. 1993 bot Mercedes-Benz den Unimog komplett mit Arbeitsgeräten zur Nutzung gegen eine feste monatliche Gebühr an. Mit dem neuen Dienstleistungsangebot »Nutzen statt Investieren« bestand nun, vor allem für die Kommunen, die Möglichkeit, aus dem breiten Unimog- und Geräteangebot eine auf den Betrieb ausgerichtete Systemlösung unterschiedlich lange zu nutzen, ohne den Investitions-Etat übermäßig zu belasten.
Von der leichten und mittleren Unimog-Baureihe wurden insgesamt 3.168 Fahrzeuge produziert.

Mercedes-Benz Unimog 1996–1998, Baureihe 409

Hinlänglich bekannt und bewährt war Mitte der 90er Jahre die leichte, mittlere, mittelschwere und schwere Unimog-Baureihe. 1996 kam noch ein »Neuling« dazu: der Unimog UX 100, ein völlig neuer Geräteträger der Kompaktklasse. Er hatte eine völlig neu entwickelte Fahrerkabine, die erstmals aus korrosionsfreien Faserverbundwerkstoffen aus dem Flugzeugbau bei der Firma Dornier hergestellt wurde. Sie zeichnete sich durch ein geringes Eigengewicht sowie eine extrem hohe Belastbarkeit aus und bot trotz ihrer kompakten Außenabmessungen ein großzügiges Raumangebot im Inneren, das die Nutzung sowohl im Ein-Mann-Betrieb als auch mit einem Beifahrer erlaubte. Die Serien-

ausstattung umfasste einen hydrostatischen Fahrantrieb, eine Zweikreishydraulik, einen Euro 2-Motor mit 90 kW / 122 PS, das Schnellkoppelsystem »Unilift« mit integrierter Fronthubvorrichtung und einen zuschaltbaren Allradantrieb. Auf Wunsch konnte der Unimog UX 100 mit der Wechsel-Lenkanlage »vario pilot« oder einem Elektro-Hybridantrieb (»vario drive«) ausgerüstet werden. Da man sich jedoch auf das Kerngeschäft zu konzentrieren hatte, blieb der UX 100, von dem insgesamt nur 790 Exemplare gebaut wurden, nur kurz im Unimog-Programm und wurde zum 1.1.1999 an die Hako-Firmengruppe verkauft.

Mercedes-Benz Unimog seit 2000, Baureihe 405

Gleich in den ersten Monaten des neuen Jahrtausend begann für den 50jährigen Unimog die Zukunft. Er war rüstiger denn je und präsentierte sich im April 2000 der Öffentlichkeit nicht nur im neuen Gewand, er war auch in seiner technischen Auslegung und in seinem günstigen Preis-/Leistungsverhältnis bestens auf die veränderten Anforderungen der weltweiten Märkte vorbereitet. Gefragt sind heute vor allem leistungsfähige »Alleskönner im Geräteeinsatz«, weniger dagegen die außergewöhnliche Hochgeländegängigkeit. Zwar wird die neue Unimog-Generation (U 300, U 400, U 500) mit ihrem permanenten Allradantrieb und Differenzialsperren vorn und hinten sowie den leistungsfähigen Euro 3-Dieselmotoren (110 kW – 205 kW) zum Beispiel bei Rettungseinsätzen und der Waldbrandbekämpfung anderen Radfahrzeugen weiterhin haushoch überlegen sein, jedoch wurde seine Einsatzspektrum für den »Alltagseinsatz« noch einmal vergrößert: Die neue Unimog-Baureihe wird weiterhin der unentbehrliche Helfer in vielen verschiedenen Arbeitssituationen bleiben. Auch durch das überzeugende Systemangebot von Fahrzeug und Gerät.

Was sich jedoch in Bälde ändern dürfte, ist seine Produktionsstätte, die künftig nicht mehr in Gaggenau sondern in Wörth sein wird.

Mercedes-Benz Unimog 425

Baureihe:	Unimog 425
Modell/Typ:	U 120 (U 1300)
Bauzeit:	1976 – 1982
Motor:	6 Zyl. 4-Takt-Diesel, Typ OM 352, Direkteinspritzer, Wasserkühlung
Hubraum:	5675 ccm
B x H:	97 x 128 mm
Leistung:	120 PS (88 kW) bei 2600
Antrieb:	Allrad; Vorderräder zuschaltbar
Getriebe:	8 V, 8 R, Vollsynchron-Getriebe, Differenzialsperren vorn/hinten
Bremsen:	Zweikreis-Scheibenbremsen
Lenkung:	hydraulische Servolenkung
Höchstgeschw.:	84 km/h
Leergewicht:	4900 kg
zul. Gesamtgew.:	9000 kg
Reifen:	14,5-20/18 PR
Radstand:	2810 mm
Spurweite:	1840 mm
Ladefläche:	1700 (2320) x 2140 x 450 mm
L x B x H:	4750 x 2300 x 2680 mm
Anmerkungen:	Produktion 1.063 Exemplare

Nach langjähriger Entwicklungsarbeit stellte Daimler-Benz im September 1974 auf der DLG in Frankfurt mit dem U 120 eine neue Unimog-Generation vor, die völlig andere Dimensionen erschließen sollte. Dabei blieb auch in diesen Fahrzeugen der Grundgedanke des Unimog mit all seinen Merkmalen erhalten. Der neue Unimog mit der Baureihen-Bezeichnung 425 sollte das bisherige Typenprogramm nach oben erweitern und unterschied sich von seinen Vorgängern vor allem durch ein modernes und sehr geräumiges Fahrerhaus mit neuem, kantigen Design. Auch waren jetzt die Scheinwerfer in den Stoßstangen eingebaut. Als Basismotor fand in der neuen schweren Unimog-Baureihe der robuste Sechszylinder-Direkteinspritz-Dieselmotor OM 352 Verwendung, der beim Serienstart im Januar 1976 noch als 120 PS starker Saugmotor arbeitete. Ein Jahr später hielt beim Unimog der Abgasturbolader Einzug in den Serienbau (OM 352 A). Anfangs als Sonderausrüstung neben dem 120 PS-Saugmotor angeboten, hob er die Leistung des nun als U 1300 bezeichneten Turbo-Unimog auf 125 PS an.

Mercedes-Benz Unimog 425

Kurze Zeit nach dem Serienstart des U 120 der schweren Baureihe 425 im Januar 1976 kam erstmals ein Abgasturbolader zum Einsatz. Mit ihm wurde die in den Abgasen steckende Energie genutzt, um die Verbrennungsluft mit einem Überdruck von 0,7 – 0,8 bar in den Verbrennungsraum zu drücken. Durch die Aufladung ergaben sich Vorteile vor allem in höherer spezifischer Leistung, besserer Verbrennung und günstigerem Kraftstoffverbrauch. Der Turbolader machte auch eine Umbenennung in der Typenbezeichnung notwendig. Aus dem U 120 wurde der U 1300, denn der 5,6-Liter-Sechszylinder OM 352 A brachte es jetzt auf 125 PS bei einem um 16 Prozent höheren Drehmoment. Die Fahrzeuge der ersten Serie ließen sich leicht an den nur an den A-Säulen des Sicherheitsfahrerhauses befestigten Rückspiegeln erkennen. Neu war auch das Achtgang-Grundgetriebe, das auf Wunsch durch eine zusätzliche Planetengruppe mit weiteren acht Kriechgängen ausgerüstet werden konnte.

Baureihe:	Unimog 425
Modell/Typ:	U 1300 (U 120)
Bauzeit:	1976 – 1982
Motor:	6 Zyl., Reihe, 4-Takt-Diesel, OM 352 A, Direkteinspritzer mit Turbolader, Wasserkühlung
Hubraum:	5675 ccm
B x H:	97 x 128 mm
Leistung:	125 PS (92 kW) bei 2600
Antrieb:	Allrad; Vorderräder zuschaltbar
Getriebe:	8 V, 8 R, Synchron-Getriebe, Differenzialsperren vorn/hinten
Bremsen:	Zweikreis-Scheibenbremsen
Lenkung:	hydraulische Servolenkung
Höchstgeschw.:	86 km/h
Leergewicht:	4900 kg
zul. Gesamtgew.:	9000 kg
Reifen:	14,5-20/18 PR
Radstand:	2810 mm
Spurweite:	1840 mm
Ladefläche:	1700 (2320) x 2140 x 450 mm
L x B x H:	4750 x 2300 x 2680 mm

Mercedes-Benz Unimog 425

Bereits einen Monat nach dem Serienstart des U 120 der neuen Unimog-Baureihe 425 ging im Februar 1976 der U 150, kurze Zeit später auch als U 1500 bezeichnet, als Flaggschiff der neu formierten Unimog-Familie im Daimler-Benz Werk Gaggenau in Serie. Die Straßenzugmaschine brachte es dank Abgasturbolader auf 150 PS und war vor allem für den universellen Einsatz im Gewerbe, in der Industrie und im öffentlichen Dienst bestimmt. Ihr völlig neu entwickeltes Sicherheitsfahrerhaus (auf Wunsch dreisitzig) zeichnete sich durch einen modernen, funktionsgerechten Arbeitsplatz und hohen Fahrkomfort aus. Im Arbeitseinsatz sorgten Scheibenbremsen an allen vier Rädern, hydraulische Servolenkung und eine Federspeicher-Feststellbremse für erforderliche Sicherheit. Bei voller Ausnutzung der Straßengeschwindigkeit von 84 km/h lag die Nutzlast des U 1500 bei 4000 kg. Dieser Wert erhöhte sich auf 6200 kg bei grundsätzlicher Reduzierung der Höchstgeschwindigkeit auf 40 km/h.

Baureihe:	Unimog 425
Modell/Typ:	U 1500 (U 150)
Bauzeit:	1976–88
Motor:	6 Zyl., Reihe, 4-Takt-Diesel, OM 352 A, Direkteinspritzer mit Turbolader, Wasserkühlung
Hubraum:	5675 ccm
B x H:	97 x 128 mm
Leistung:	150 PS (92 kW) bei 2800
Antrieb:	Allrad; Vorderräder zuschaltbar
Getriebe:	8 V, 8 R, Synchron-Getriebe, Differenzialsperren vorn/hinten
Bremsen:	Zweikreis-Scheibenbremsen
Lenkung:	hydraulische Servolenkung
Höchstgeschw.:	84 km/h
Leergewicht:	5000 kg
zul. Gesamtgew.:	9000 kg
Reifen:	12,00R-20/18 PR; 14,5-20/18 PR
Radstand:	2810 mm
Spurweite:	1840 mm
Ladefläche:	1680 (2320) x 2140 x 450 mm
L x B x H:	4750 x 2320 x 2685 mm
Anmerkungen:	Produktion 1.790 Exemplare

Mercedes-Benz Unimog 425

Der U 1500 hatte hohe Nutzlastwerte, die besonders im Agrar-Einsatz wirtschaftliches Arbeiten auch mit schwersten Anbaugeräten ermöglichten. Dank des Allradantriebes konnte der Unimog U 1500 seine Motorleistung von 150 PS optimal in Zugkraft umsetzen. Die Vorderachse konnte während der Fahrt zugeschaltet werden – pneumatisch, spielend leicht mit einem Drehknopf. Mit dem gleichen Knopf – ebenfalls während der Fahrt und pneumatisch – sperrte man das Differenzial in Vorder- und Hinterachse. Reichte bislang der Führerschein 3 zum Fahren eines Unimog (solo), so wurde bei dem als Zugmaschine ausgelegten Unimog U 1500 mit 150 PS und einem zulässigen Gesamtgewicht von über 7,5 Tonnen jetzt der Führerschein 2 vorgeschrieben. Empfohlene landwirtschaftliche Grundausrüstung: Vollsynchronisiertes Schaltgetriebe mit 16 Vorwärts- und 16 Rückwärtsgängen, Hydraulikanlage mit Steckeranschlüssen vorn und hinten, Kraftheber mit Dreipunktgestänge, Zapfwelle hinten umschaltbar, Bereifung 16/70-24 Hochstollenprofil.

Baureihe:	Unimog 425
Modell/Typ:	U 1500 Agrar
Bauzeit:	1976–88
Motor:	6 Zyl., Reihe, 4-Takt-Diesel, OM 352 A, Direkteinspritzer mit Turbolader, Wasserkühlung
Hubraum:	5675 ccm
B x H:	97 x 128 mm
Leistung:	150 PS (92 kW) bei 2800
Antrieb:	Allrad; Vorderräder zuschaltbar
Getriebe:	8 V, 8 R, Synchron-Getriebe, Differenzialsperren vorn/hinten
Bremsen:	Zweikreis-Scheibenbremsen
Lenkung:	hydraulische Servolenkung
Höchstgeschw.:	84 km/h
Leergewicht:	5940 kg
zul. Gesamtgew.:	9000 kg
Reifen:	14,5-24; 16/70-24
Radstand:	2810 mm
Spurweite:	1870 mm
Ladefläche:	1680 (2320) x 2140 x 450 mm
L x B x H:	4750 x 2340 x 2650 mm

Mercedes-Benz Unimog 425

Baureihe:	Unimog 425
Modell/Typ:	U 1500 Industrie
Bauzeit:	1976–88
Motor:	6 Zyl., Reihe, 4-Takt-Diesel, OM 352 A, Direkteinspritzer mit Turbolader, Wasserkühlung
Hubraum:	5675 ccm
B x H:	97 x 128 mm
Leistung:	150 PS (92 kW) bei 2800
Antrieb:	Allrad; Vorderräder zuschaltbar
Getriebe:	8 V, 8 R, Synchron-Getriebe, Differenzialsperren vorn/hinten
Bremsen:	Zweikreis-Scheibenbremsen
Lenkung:	hydraulische Servolenkung
Höchstgeschw.:	84 km/h
Leergewicht:	5940 kg
zul. Gesamtgew.:	9000 kg
Reifen:	14,5-24; 16/70-24
Radstand:	2810 mm
Spurweite:	1870 mm
Ladefläche:	1680 (2320) x 2140 x 450 mm
L x B x H:	4750 x 2340 x 2650 mm

Der U 1500 der schweren Baureihe 425 mit seiner hohen Endgeschwindigkeit von über 80 km/h und mit seinem 150 PS starken 6-Zylinder-Diesel-Direkteinspritzer mit Turboaufladung avancierte zur vielseitigen und leistungsstarken Straßenzugmaschine für den wirtschaftlichen Industrie-Einsatz. Der U 1500 durfte eine Anhängelast von 41 Tonnen ziehen. Doppelt soviel wie ein Lkw, weil Zugmaschinen nach dem Gesetz nur 3 PS/t benötigten, Lkw jedoch 6 PS/t. Bei dem neuentwickelten U 1500 wurde besonderer Wert auf die Schaffung eines arbeitsgerechten Platzes für den Fahrer gelegt. Der Geräuschpegel in der mit höhenverstellbarem Hydraulik-Sitz ausgestatteten Sicherheitskabine war in dem neuen Unimog ungewöhnlich niedrig. Das Fahrerhaus bot Platz für Fahrer und Beifahrer und hohen Komfort. Eine staub- und geräuscharme Belüftung garantierte eine Klimaanlage, die auf Sonderwunsch eingebaut werden konnte. Die Frontsitz-Position des Fahrers in Verbindung mit der speziell abgesenkten Motorhaube gewährleistete eine gute Sicht auf die Straße. Die Servolenkung und der geringe Wendekreis ermöglichten schwierige Rangiermanöver.

Mercedes-Benz Unimog 425

Baureihe:	Unimog 425
Modell/Typ:	U 1500 T Triebkopf
Bauzeit:	1977 – 1988
Motor:	6 Zyl., Reihe, 4-Takt-Diesel, OM 352 A, Direkteinspritzer mit Turbolader, Wasserkühlung
Hubraum:	5675 ccm
B x H:	97 x 128 mm
Leistung:	150 PS (110 kW) bei 2600
Antrieb:	Vorderräder
Getriebe:	8 V, 8 R, Synchron-Getriebe, Differenzialsperre
Bremsen:	Zweikreis-Scheibenbremsen
Lenkung:	hydraulische Servolenkung
Höchstgeschw.:	84 km/h
Leergewicht:	3400 kg
zul. Achslast v.:	5300 kg
Reifen:	14,5-20; 12R 22,5; 13R 22,5
Spurweite:	1840 mm
L x B x H:	2780 x 2320 x 2720 mm
Anmerkungen:	Produktion 282 Exemplare

Von Anfang an (und das seit 1963) gab es im Unimog-Fahrzeugprogramm auch Triebkopfversionen, die sich durch die kompakte Bauweise des Unimog und dem serienmäßigen Vorderradantrieb anboten. Das heißt, der Unimog-Triebkopf endete praktisch hinter dem Fahrerhaus und war mit genormten Anbaupunkten versehen, um als Antriebseinheit von Spezialfahrzeugen verwendet zu werden, die durch ihre arbeitstechnischen Merkmale wesentliche Vorteile gegenüber herkömmlichen Fahrzeugen boten. Der U 1500 T als die zug- und leistungsstärkste Version der damaligen Unimog-Triebkopf-Familie konnte mit Schräghubwagen bis zu 8 t Nutzlast transportieren. Mit dieser Transportvariante, einer Art »Huckepack-System« ließen sich viele Transportprobleme individuell und wirtschaftlich lösen. Das moderne Fahrerhaus der neuen Unimog-Generation bot hohen Bedienungskomfort, gute Sitzposition und ausgezeichnete Sicht nach allen Seiten und wurde ausschließlich als Ganzstahl-Version angeboten. Das Fahrerhaus mit dem schon traditionellen Klappverdeck blieb den bis 1988 weiter gebauten leichten Baureihen 403, 406 und 421 vorbehalten.

Mercedes-Benz Unimog 424

Zum Jubiläum »25 Jahre Unimog in Gaggenau« präsentierte Daimler-Benz im Oktober 1976 den U 1000 erstmals der Öffentlichkeit. Mit dem neu entwickelten U 1000 der schweren Baureihe 424, der im Frühjahr 1977 in Serie ging, erweiterte der Hersteller sein Angebot leistungsstarker Unimog-Typen. Als Spezialmaschine im Straßenbau empfahl er sich mit dem Trenkle-Plattenverdichter als eine zeit- und kostensparende Arbeitseinheit. Sie hatte sich in vielen Groß- und Mittelbetrieben bewährt und war seit Jahren als reines Spezialgerät auf Großbaustellen, überwiegend aber als Wechselgerät im Einsatz. Diese Baumaschinen-Kombination arbeitete im Front- und Heckanbau mit je drei nebeneinanderliegenden Platten pro Verdichtereinheit, die über Kardanwellen gekuppelt sind. Das für den Verdichtungsvorgang erforderliche Wasser führte der Unimog in einem 2000-Liter-Fass auf der Pritsche mit. Beim Umsetzen von einer Baustelle zur anderen wurden die Verdichterplatten hydraulisch angehoben. Danach konnte der U 1000 seine Transportgeschwindigkeit auf Straße und Autobahn voll ausschöpfen.

Baureihe:	Unimog 424
Modell/Typ:	U 1000 Straßenbau
Bauzeit:	1976 – 1988
Motor:	6 Zyl. 4-Takt-Diesel, OM 352, Direkteinspritzer, Wasserkühlung
Hubraum:	5675 ccm
B x H:	97 x 128 mm

Leistung:	95 PS (70 kW) bei 2600
Antrieb:	Allrad; Vorderräder zuschaltbar
Getriebe:	8 V, 8 R, Synchron-Getriebe, Differenzialsperren vorn/hinten
Bremsen:	Zweikreis-Scheibenbremsen
Lenkung:	hydraulische Servolenkung
Höchstgeschw.:	77 km/h
Leergewicht:	4450 kg

Nutzlast:	2350 kg
Reifen:	12,5-20/12 PR
Radstand:	2650 mm
Spurweite:	1660 mm
Ladefläche:	1950 x 1890 x 400 mm
L x B x H:	4380 x 2250 x 2570 mm
Anmerkungen:	Produktion 6.717 Exemplare

Mercedes-Benz Unimog 424

Als klassischer Geräteträger ist der Unimog zu einem festen Bestandteil der kommunalen Fuhrparks geworden, wo der rationelle Ganzjahreseinsatz mit den verschiedensten Arbeitsgeräten bei kurzen Rüstzeiten zur mittlerweile wichtigsten Voraussetzung geworden ist. Die Straßenreinigung ist nach dem Schneeräumen einer der Schwerpunkte der Arbeitsbereiche in kommunalen Fuhrparks, besonders in der Großstadt. Voll im Trend waren Mitte der 80er Jahre saugende Kehrmaschinen, selbstaufnehmend als Wechselgerät konzipiert, sodass die Möglichkeit gegeben war, den Unimog als Trägerfahrzeug für andere Zwecke weiter verwenden zu können. So wurde der Unimog in wenigen Minuten zur saugenden Rinnsteinkehrmaschine, da der gesamte Kehraufbau einschließlich eigenem, stark geräuschgekapselten Antriebsmotor, Wasserbehälter und kompletter Kehreinrichtung anstelle der Pritsche auf das Unimog-Fahrgestell aufgesetzt werden konnte.

Baureihe:	Unimog 424
Modell/Typ:	U 1000 Kommunal
Bauzeit:	1976–1988
Motor:	6 Zyl. 4-Takt-Diesel, OM 352, Direkteinspritzer, Wasserkühlung
Hubraum:	5675 ccm
B x H:	97 x 128 mm
Leistung:	95 PS (70 kW) bei 2600
Antrieb:	Allrad; Vorderräder zuschaltbar
Getriebe:	8 V, 8 R, Synchron-Getriebe, Differenzialsperren vorn/hinten
Bremsen:	Zweikreis-Scheibenbremsen
Lenkung:	hydraulische Servolenkung
Höchstgeschw.:	77 km/h
Leergewicht:	4450 kg
Nutzlast:	2350 kg
Reifen:	12,5-20/12 PR
Radstand:	2650 mm
Spurweite:	1660 mm
Ladefläche:	1950 x 1890 x 400 mm
L x B x H:	4380 x 2250 x 2570 mm
Anmerkungen:	Produktion 6.687 Exemplare

Mercedes-Benz Unimog 424

Baureihe:	Unimog 424
Modell/Typ:	U 1000 T Triebkopf
Bauzeit:	1979 – 1983
Motor:	6 Zyl. 4-Takt-Diesel, Typ OM 352, Direkteinspritzer, Wasserkühlung
Hubraum:	5675 ccm
B x H:	97 x 128 mm
Leistung:	110 PS (81 kW) bei 2800
Antrieb:	Vorderräder
Getriebe:	8 V, 8 R, Synchron-Getriebe, Differenzialsperre
Bremsen:	Zweikreis-Scheibenbremsen
Lenkung:	hydraulische Servolenkung
Höchstgeschw.:	79 km/h
Leergewicht:	2870 kg
zul. Achslast v.:	4000 kg
Reifen:	12,5-20/12 PR; 14,5-20
Spurweite:	1660 mm
L x B x H:	2750 x 2110 x 2550 mm
Anmerkungen:	Produktion 70 Exemplare

Neben dem seit 1969 gebauten, 110 PS starken U 1100 T der Baureihe 416, gab es Ende der 70er Jahre mit dem U 1000 T der neuen Baureihe 424 ebenfalls eine Triebkopf-Version mit dieser Leistung. Dafür besaß der U 1000 T ein völlig neu entwickeltes Ganzstahlfahrerhaus im modernen Design und ein Achtgang-Grundgetriebe mit großer Variationsbreite. Zulieferfirmen ergänzten den Unimog-Triebkopf durch vielfältige Anbauten und machten den U 1000 T zum Beispiel in Kombination mit einem Niederflurhubwagen zu einem erfolgreichen Transportkonzept für Spezialaufgaben. Der U 1000 T als Niederflurhubwagen zeichnete sich vor allem im Nah- und Mittelfahrbereich durch geringe Transportkosten aus. Die Möglichkeit, ebenerdig zu laden bestand dabei ebenso wie die Möglichkeit, die Höhe der Ladefläche stufenlos in jeder gewünschten Rampenhöhe zu justieren, in Kombination mit Wechselladeflächen, die je nach Verwendungszweck mit Plane oder als Koffer geliefert werden konnten.

Mercedes-Benz Unimog 424

Nachdem die beiden Baureihen 425 und 435 bereits seit 1976/77 mit Abgasturboladern ausgerüstet waren, folgte 1982 auch die Baureihe 424 mit dieser modernen Motortechnik. Der neue Motor war stärker, sparsamer und leiser als sein Vorgänger. Auch der neue U 1200 erhielt den nunmehr 124 PS Sechszylinder. Er hatte vor allem in der schweren Bodenarbeit und Saatbettvorbereitung in großen Arbeitsbereichen seine Stärken. Entscheidend dafür waren die großen Kraftreserven dieses modernen Allradschleppers. Mit der serienmäßigen Druckluftanlage wurden ebenso der Allradantrieb, die Differenzialsperren und die lastschaltbare Motorzapfwelle mit 540 und 1000 U/min (vorn auf Wunsch) geschaltet. Das geräumige Ganzstahlfahrerhaus und die gute Sicht auf die Geräteanbauräume erleichterten nicht nur die Arbeit sondern erhöhten auch die Sicherheit. Sicher waren auch die hydraulischen Zweikreisscheibenbremsen mit Druckluftunterstützung und ALB (automatische lastabhängige Bremse).

Baureihe:	Unimog 424
Modell/Typ:	U 1200 Agrar
Bauzeit:	1982 – 1988
Motor:	6 Zyl., Reihe, 4-Takt-Diesel, OM 352 A, Direkteinspritzer mit Turbolader, Wasserkühlung
Hubraum:	5675 ccm
B x H:	97 x 128 mm
Leistung:	125 PS (92 kW) bei 2600
Antrieb:	Allrad; Vorderräder zuschaltbar
Getriebe:	8 V, 8 R, Synchron-Getriebe, Differenzialsperren vorn/hinten
Bremsen:	Zweikreis-Scheibenbremsen
Lenkung:	hydraulische Servolenkung
Höchstgeschw.:	80 km/h
Leergewicht:	4560 kg
zul. Gesamtgew.:	7500 kg
Reifen:	16,5/75 R 20
Radstand:	2650 mm
Spurweite:	1840 mm
Ladefläche:	1475 (1950) x 1890 x 400 mm
L x B x H:	4470 x 2265 x 2660 mm
Anmerkungen:	Produktion 3.401 Exemplare

Mercedes-Benz Unimog 424

Baureihe:	Unimog 424
Modell/Typ:	U 1200 T Triebkopf
Bauzeit:	1983–1988
Motor:	6 Zyl., Reihe, 4-Takt-Diesel, OM 352 A, Direkteinspritzer mit Turbolader, Wasserkühlung
Hubraum:	5675 ccm
B x H:	97 x 128 mm
Leistung:	125 PS (92 kW) bei 2600
Antrieb:	Vorderräder
Getriebe:	8 V, 8 R, Synchron-Getriebe, Differenzialsperre
Bremsen:	Zweikreis-Scheibenbremsen
Lenkung:	hydraulische Servolenkung
Höchstgeschw.:	80 km/h
Leergewicht:	3400 kg
zul. Achslast v.:	5300 kg
Reifen:	12,5 R 20
Spurweite:	1660 mm
L x B x H:	2750 x 2110 x 2550 mm
Anmerkungen:	Listenpreis 1988: DM 77.940,–

Anfang der 80er Jahre zwangen knappere Geldmittel in der Bauwirtschaft mehr denn je zur Rationalisierung. Teure Spezialmaschinen mit hohen Standzeiten wurden in vielen Fällen den Anforderungen an Wirtschaftlichkeit und Rentabilität nicht mehr gerecht. Daimler-Benz reagierte darauf und brachte den U 1200 als Triebkopf-Variante auf den Markt. Unter seiner Haube sorgte der Sechszylinder-Turbomotor mit 125 PS für Vortrieb.

Der U 1200 T löste den U 1000 T ab und brachte es auf immerhin 103 produzierte Triebkopf-Einheiten. Auf seiner Basis bauten Zulieferfirmen Schräghubwagen, Niederflurwagen mit Wechselladeflächen oder Container-Absetzkipper: Der vielseitige U 1200 T der Baureihe 424 bot sich überall dort an, wo Kommunalverwaltungen in Wasser- und Klärwerken die Entsorgung selbst übernahmen. Als Zugmaschine konnte er bis zu 6,1 t Nutzlast transportieren.

Mercedes-Benz Unimog 424

Für Rentabilität auf dem Bau sorgte der U 1250 der Baureihe 424, der sich von dem U 1200 durch einen um 600 mm größeren Radstand unterschied. Der U 1250 (die »fünfziger« Nummerierung in der Modellbezeichnung war für Arbeitsmaschinen mit langen Radständen vorbehalten) zeichnete sich nicht nur durch eine große Pritsche, hohe Achslasten und damit hohe Lade- und Transportkapazität aus, er war auch gleichzeitig eine Arbeitsmaschine für den wirtschaftlichen Ganzjahres-Einsatz. Mit einem hinter dem Fahrerhaus montierten Ladekran machte sich der U 1250 zur universell einsetzbaren Zugmaschine in der Bauwirtschaft. Mit neun Tonnen zulässigem Gesamtgewicht durfte er in der Bundesrepublik nach der 3 PS/t-Formel eine Anhängelast bis zu 41 t ziehen. Dies war für den Transport von Baumaschinen interessant. Zudem entsprach der Wendekreis des Unimog dem eines Pkw. Auch war er vom Sonntags-Fahrverbot ausgenommen.

Baureihe:	Unimog 424
Modell/Typ:	U 1250 Bauwirtschaft
Bauzeit:	1984 – 1988
Motor:	6 Zyl., Reihe, 4-Takt-Diesel, OM 352 A, Direkteinspritzer mit Turbolader, Wasserkühlung
Hubraum:	5675 ccm
B x H:	97 x 128 mm

Leistung:	125 PS (92 kW) bei 2600
Antrieb:	Allrad; Vorderräder zuschaltbar
Getriebe:	8 V, 8 R, Synchron-Getriebe, Differenzialsperren vorn/hinten
Bremsen:	Zweikreis-Scheibenbremsen
Lenkung:	hydraulische Servolenkung
Höchstgeschw.:	73 km/h
Leergewicht:	4650 kg

zul. Gesamtgew.:	7490 kg
Reifen:	10,5-20; 12,5 R 20; 14,5-20
Radstand:	3250 mm
Spurweite:	1660 mm
Ladefläche:	2320 x 1950 x 400 mm
L x B x H:	5070 x 2110 x 2610 mm
Anmerkungen:	Listenpreis 1988: DM 91.670,–

Mercedes-Benz Unimog 424

Neu auf den Markt kam im Mai 1984 der Unimog U 1250 aus der schweren Baureihe 424. Er kombinierte die typischen Merkmale des bewährten Geräteträgers mit der Transportkapazität eines 7,5-Tonnen-Allradlastwagens, der noch mit dem Führerschein der Klasse III zu fahren war. Der lange Radstand von 3250 mm ergab viel Raum für die Ladepritsche oder größere Aufbauten. Im Gegensatz zu Geräteträgern, die von Lastwagen abgeleitet wurden, war der Unimog U 1250 eine vollwertige Arbeitsmaschine geblieben. Sein Turbomotor aus der Groß-Serienproduktion leistete 125 PS bei 2600/min. Die hohen Achslasten vorn und hinten machten den An- und Aufbau von schweren und leistungsfähigen Arbeitsgeräten, z. B. für die Bauwirtschaft oder den kommunalen Betrieb im Ganzjahreseinsatz, jederzeit möglich. Über Zapfwellen vorn, in der Mitte und hinten sowie eine starke Hydraulikanlage konnten mehrere Geräte gleichzeitig angetrieben werden.

Baureihe:	Unimog 424
Modell/Typ:	U 1250 Kommunal
Bauzeit:	1984 – 1988
Motor:	6 Zyl., Reihe, 4-Takt-Diesel, OM 352 A, Direkteinspritzer mit Turbolader, Wasserkühlung
Hubraum:	5675 ccm
B x H:	97 x 128 mm
Leistung:	125 PS (92 kW) bei 2600
Antrieb:	Allrad; Vorderräder zuschaltbar
Getriebe:	8 V, 8 R, Synchron-Getriebe, Differenzialsperren vorn/hinten
Bremsen:	Zweikreis-Scheibenbremsen
Lenkung:	hydraulische Servolenkung
Höchstgeschw.:	73 km/h
Leergewicht:	4650 kg
zul. Gesamtgew.:	7490 kg
Reifen:	10,5-20; 12,5 R 20; 14,5-20
Radstand:	3250 mm
Spurweite:	1660 mm
Ladefläche:	2320 x 1950 x 400 mm
L x B x H:	5070 x 2110 x 2610 mm
Anmerkungen:	auch als U 1250 L Fahrgestell

Mercedes-Benz Unimog 424

Mitte der 80er Jahre wurden mehr als die Hälfte aller vom Band laufenden Unimog-Fahrzeuge als universelle Arbeitsmaschinen in den nationalen und internationalen Fuhrparks des öffentlichen Dienstes eingesetzt. Mit dem 150 PS starken U 1550 aus der Baureihe 424 brachte Daimler-Benz einen Unimog auf den Markt, der die Verbindung zwischen dem U 1700 mit 168 PS und dem U 1250 mit 125 PS herstellen sollte. Er verband die typischen Merkmale des Geräteträgers mit einer besonders hohen Transportkapazität. Sein zulässiges Gesamtgewicht betrug 10.500 kg und war damit für den Einsatz mit schweren Arbeitsgeräten, zu Schneeräumung oder als Fahrgestell für Schnellwechsel-Kehrmaschinen besonders geeignet. Der lange Radstand (3250 mm) ergab viel Raum für große Ladepritschen und den zusätzlichen Aufbau eines Ladekrans. Auch mit Doppelkabine verblieb genügend Platz für Aufbaugeräte bzw. Ladefläche.

Baureihe:	Unimog 424
Modell/Typ:	U 1550 Kommunal
Bauzeit:	1986 – 1988
Motor:	6 Zyl., Reihe, 4-Takt-Diesel, OM 352 A, Direkteinspritzer mit Turbolader, Wasserkühlung
Hubraum:	5675 ccm
B x H:	97 x 128 mm
Leistung:	150 PS (110 kW) bei 2600
Antrieb:	Allrad; Vorderräder zuschaltbar
Getriebe:	8 V, 8 R, Synchron-Getriebe, Differenzialsperren vorn/hinten
Bremsen:	Zweikreis-Scheibenbremsen
Lenkung:	hydraulische Servolenkung
Höchstgeschw.:	84 km/h
Leergewicht:	5200 kg
zul. Gesamtgew.:	10500 kg
Reifen:	12 R 22,5; 12,5 R 20; 14,5 R 20
Radstand:	3250 mm
Spurweite:	1660 mm
Ladefläche:	2320 (2800) x 1950 x 400 mm
L x B x H:	5070 x 2110 x 2660 mm

Mercedes-Benz-Unimog 424

Auf der Hannover Messe 1987 präsentierte Daimler-Benz für den Unimog ein neu entwickeltes Paket Geräusch dämmender Maßnahmen. Die Geräuschkapselung an Motor und Getriebe, ein neuer Lüfter und eine zusätzlich schallgedämmte Auspuffanlage sowie weitere gezielte Maßnahmen reduzierten das Geräuschniveau auf 78 dBA. Als »lärmarmes Fahrzeug« eingestuft, war es nun möglich, mit dem Unimog auch in den für »normale« Kraftfahrzeuge gesperrten Bezirken einer Kurstadt notwendige Aufgaben, wie etwa das Schneeräumen oder Streuen durchzuführen. Mit dem U 1550 zeigte Daimler-Benz auch erstmals ein Winterdienst-Fahrzeug, das sich durch eine besonders umweltschonende Arbeitsweise auszeichnete. Durch ein spezielles Verfahren konnte nämlich die Salzmenge beim Streuen um mehr als die Hälfte reduziert werden. Diese umweltfreundliche Gerätekombination zum Unimog wurde von der Firma Alfred Schmidt, St. Blasien, entwickelt.

Baureihe:	Unimog 424
Modell/Typ:	U 1550 Winterdienst
Bauzeit:	1986–1988
Motor:	6 Zyl., Reihe, 4-Takt-Diesel, OM 352 A, Direkteinspritzer mit Turbolader, Wasserkühlung
Hubraum:	5675 ccm
B x H:	97 x 128 mm
Leistung:	150 PS (110 kW) bei 2600
Antrieb:	Allrad; Vorderräder zuschaltbar
Getriebe:	8 V, 8 R, Synchron-Getriebe, Differenzialsperren vorn/hinten
Bremsen:	Zweikreis-Scheibenbremsen
Lenkung:	hydraulische Servolenkung
Höchstgeschw.:	84 km/h
Leergewicht:	5200 kg
zul. Gesamtgew.:	10500 kg
Reifen:	12 R 22,5; 12,5 R 20; 14,5 R 20
Radstand:	3250 mm
Spurweite:	1660 mm
Ladefläche:	2320 (2800) x 1950 x 400 mm
L x B x H:	5070 x 2110 x 2660 mm

Mercedes-Benz Unimog 435

Baureihe:	Unimog 435
Modell/Typ:	U 1300 L
Bauzeit:	1976–1990
Motor:	6 Zyl., Reihe, 4-Takt-Diesel, OM 352, Direkteinspritzer, Wasserkühlung
Hubraum:	5675 ccm
B x H:	97 x 128 mm
Leistung:	130 PS (96 kW) bei 2800
Antrieb:	Allrad; Vorderräder zuschaltbar
Getriebe:	8 V, 8 R, Synchron-Getriebe, Differenzialsperren vorn/hinten
Bremsen:	Zweikreis-Scheibenbremsen
Lenkung:	hydraulische Servolenkung
Höchstgeschw.:	105 km/h
Leergewicht:	3900 kg
zul. Gesamtgew.:	7490 kg
Reifen:	12,5-20; 14,5-20; 12,5 R 20
Radstand:	3250 mm; 3700 mm (ab 1980)
Spurweite:	1860 mm
Aufbau:	3150 x 2200 mm
L x B x H:	5540 x 2300 x 2490 mm

Die neue Unimog-Generation wurde mit zwei Modellen der schweren Baureihe 435 nach oben ergänzt, die auf dem Nutzfahrzeugmarkt der 80er Jahre eine Lücke schließen sollten: Der Unimog U 1300 L und U 1700 L. Besonderes Merkmal war neben dem modernen und sehr geräumigen Ganzstahlfahrerhaus in neuem, kantigen Design auch der lange Radstand von 3250 mm bzw. 3700 mm (ab 1980). Ausgelegt als hochgeländegängiges Allrad-Fahrzeug oder als Fahrgestell für Sonderaufbauten, bot sich der 130 PS starke U 1300 L beim Gewerbe, in der Industrie und vor allem im öffentlichen Dienst als die modernste 3-t-Nutzlast-Fahrgestell-Variante innerhalb der Unimog-Familie an. Wie bei den Baureihe 424 und 425 erhielt auch der 435 durch eine neue Anordnung der Antriebsaggregate ein großzügig gestaltetes Fahrerhaus mit Platz für drei Personen. Erstmals durchbrach ein Unimog die 100 km/h-Grenze: Mit einer Spitzengeschwindigkeit von 105 km/h konnte der U 1300 L seinen Transportaufgaben auf der Straße noch schneller nachkommen.

Mercedes-Benz Unimog 435

Ausgelegt als geländegängiges Allrad-Fahrzeug oder als Fahrgestell für Sonderaufbauten, sollte der Unimog U 1300 L der schweren Baureihe 435 der neuen Unimog-Familie den langsam in die Jahre gekommenen Unimog 404 (Unimog S) als Nachfolger bei der Bundeswehr und beim internationalen Militäreinsatz ablösen. Mit dem Anlauf des Bundeswehrauftrages Anfang 1976 ging der U 1300 L der Truppe zu. Allein die Bundeswehr übernahm nahezu 22.000 Fahrzeuge der in unzähligen Versionen gefertigten Reihe. Im Gegensatz zur Standard-Version war der U 1300 L für die besonderen Aufgaben im Militäreinsatz neben kleineren Veränderungen (etwa an der Fahrzeug-Elektrik) zusätzlich mit einer verwindungsfreien Pritsche mit Staukästen und Aufnahmepunkten für Mittelsitzbank und Verdeckgestell, mit Fixier- und Verzurrpunkten für Kabinentransport, mit Halterungen für militärische Ausrüstung und Montagemöglichkeit einer speziellen Beobachtungsluke im Fahrerhaus ausgerüstet.

Baureihe:	Unimog 435
Modell/Typ:	U 1300 L (4x4) Militär
Bauzeit:	1976 – 1990
Motor:	6 Zyl., Reihe, 4-Takt-Diesel, OM 352, Direkteinspritzer, Wasserkühlung
Hubraum:	5675 ccm
B x H:	97 x 128 mm
Leistung:	130 PS (96 kW) bei 2800
Antrieb:	Allrad; Vorderräder zuschaltbar
Getriebe:	8 V, 8 R, Synchron-Getriebe, Differenzialsperren vorn/hinten
Bremsen:	Zweikreis-Scheibenbremsen
Lenkung:	hydraulische Servolenkung
Höchstgeschw.:	80 km/h; 100 km/h (Wunsch)
Leergewicht:	4350 kg
Nutzlast:	3000 kg
Reifen:	12,5-20; 14,5-20 (Wunsch)
Radstand:	3250 mm; 3700 mm (ab 1980)
Spurweite:	1860 mm
Ladefläche:	3150 x 2200 x 500 mm
L x B x H:	5480 x 2300 x 2510 mm

Mercedes-Benz Unimog 435

Baureihe:	Unimog 435
Modell/Typ:	U 1700 L (4x4)
Bauzeit:	1976–1989
Motor:	6 Zyl., Reihe, 4-Takt-Diesel, OM 352 A, Direkteinspritzer mit Turbolader, Wasserkühlung
Hubraum:	5675 ccm
B x H:	97 x 128 mm
Leistung:	168 PS (124 kW) bei 2800
Antrieb:	Allrad; Vorderräder zuschaltbar
Getriebe:	8 V, 8 R, Synchron-Getriebe, Differenzialsperren vorn/hinten
Bremsen:	Zweikreis-Scheibenbremsen
Lenkung:	hydraulische Servolenkung
Höchstgeschw.:	90 km/h
Leergewicht:	5200 kg
Nutzlast:	3800 kg
Reifen:	13 R-22,5
Radstand:	3250 mm; 3850 mm (ab 1982)
Spurweite:	1840 mm
Ladefläche:	3150 x 2200 x 500 mm
L x B x H:	5480 x 2300 x 2600 mm
Anmerkungen:	Produktion 6.326 Exemplare

Zusammen mit der 130 PS starken Saugversion (U 1300 L) bildete die Unimog-Baureihe 435 die moderne Nachfolge-Generation der seit 1955 gebauten Baureihe 404 (Unimog S). Vor allem für den Militär-, Rettungs- und Brandschutz-Einsatz entstanden von dem als geländegängigen Allrad-Fahrzeug oder als Fahrgestell ausgelegten U 1700 L zahlreiche Varianten: Pritschenfahrzeug mit Mittelsitzbank, Pionierfahrzeug, Sanitäts- und Funkfahrzeug, mit Kofferaufbau, Werkstatt- und Geräte-Wagen, Trockenlösch- und Tanklösch-Fahrzeug und Notfall-Arztwagen. Gegenüber ihren Vorgängern aus der Baureihe 404 besaßen die Unimogs der Baureihe 435 eine hydraulische Servolenkung, Zweikreis-Scheibenbremsen, ein Achtganggetriebe und ein modernes Kurzhauben-Fahrerhaus in Ganzstahlausführung mit viel Komfort. Ausgerüstet mit einem Abgasturbolader brachte es der Sechszylinder-Dieselmotor OM 352 A im U 1700 L auf eine Leistung von 168 PS. Zunächst mit nur einem Radstand von 3250 mm lieferbar, ergänzte ab 1982 eine Langversion mit 3850 mm das Programm.

Mercedes-Benz Unimog 435

Baureihe:	Unimog 435
Modell/Typ:	U 1700 L
Bauzeit:	1976–1989
Motor:	6 Zyl., Reihe, 4-Takt-Diesel, OM 352 A, Direkteinspritzer mit Turbolader, Wasserkühlung
Hubraum:	5675 ccm
B x H:	97 x 128 mm
Leistung:	168 PS (124 kW) bei 2800
Antrieb:	Allrad; Vorderräder zuschaltbar
Getriebe:	8 V, 8 R, Synchron-Getriebe, Differenzialsperren vorn/hinten
Bremsen:	Zweikreis-Scheibenbremsen
Lenkung:	hydraulische Servolenkung
Höchstgeschw.:	107 km/h
Leergewicht:	4900 kg
zul. Gesamtgew.:	9000 kg–11200 kg
Reifen:	13 R 20; 14,5 R 20; 14,5 R 24
Radstand:	3250 mm; ab 1982: 3850 mm
Spurweite:	1840 mm
Ladefläche:	3150 x 2200 x 500 mm
L x B x H:	5580 x 2320 x 2650 mm

Mit einer Leistung von 168 PS war der Unimog U 1700 L das seinerzeit leistungsfähigste Mitglied der Unimog-Familie. Der 5,7-Liter-Sechszylinder-Dieselmotor OM 352 A mit Abgasturbolader verhalf dem U 1700 L auf Straßen und im schwierigsten Gelände zu überzeugenden Fahrleistungen. Seine Höchstgeschwindigkeit betrug stolze 107 km/h, die Nutzlast lag bei vier bis fünf Tonnen. Die Sicherheitskabine in Kurzhauben-Ausführung und mit Platz für drei Personen ließ sich günstige und bequem erklimmen und bot ein Höchstmaß an Fahrkomfort auf der Straße wie auch im Gelände. Auf Wunsch gab es den U 1700 L mit einer Doppelkabine, die Platz für sieben Personen bot. Diese Ausstattungsvariante war besonders auf die besonderen Einsatzbedingungen in Gewerbe, Industrie und im öffentlichen Dienst zugeschnitten. Zu den weiteren, gegen Aufpreis lieferbaren Extras gehörten ein Ansaugkamin mit Zyklonfilter, eine Anhängekupplung sowie die bekannt große Anzahl jener Sonderausstattungen, die auch für die anderen Unimog-Modelle geordert werden konnte.

Mercedes-Benz Unimog 435

Angepasst an die Anforderungen des Marktes wurde 1979 die Baureihe 435 mit dem U 1700 als leistungsstärkste Zug- und Arbeitsmaschine um eine weitere Modellvariante ergänzt. Besonders im kommunalen Einsatz reifte der Unimog gerade in den 80er Jahren zu einer wirtschaftlichen Arbeitsmaschine, die das ganze Jahr über bei Straßenbauverwaltungen in Bund, Land und Kreis, bei städtischen und ländlichen Gemeinden auch im Winter eingesetzt werden konnte. Mit welchem Pflug auch immer, der U 1700 mit seiner überlegenen Leistung spielte bei der Schneeräumung seine große Stärke aus. Auf Wunsch konnte er mit einer Zweikreis-Hydraulikanlage ausgestattet werden, damit Schneepflüge und Antrieb der Streueinrichtungen (auch für das umweltfreundliche Feuchtsalzverfahren) unabhängig gesteuert werden konnten. Als Extra gab es den U 1700 auch mit hydrostatischem Antrieb, der vor allem in Kombination mit Schneefräsen oder Schneeschleudern große Vorteile brachte.

Baureihe:	Unimog 435
Modell/Typ:	U 1700 Winterdienst
Bauzeit:	1979 – 1988
Motor:	6 Zyl., Reihe, 4-Takt-Diesel, OM 352 A, Direkteinspritzer mit Turbolader, Wasserkühlung
Hubraum:	5675 ccm
B x H:	97 x 128 mm
Leistung:	168 PS (124 kW) bei 2800
Antrieb:	Allrad; Vorderräder zuschaltbar
Getriebe:	8 V, 8 R, Synchron-Getriebe, Differenzialsperren vorn/hinten
Bremsen:	Zweikreis-Scheibenbremsen
Lenkung:	hydraulische Servolenkung
Höchstgeschw.:	90 km/h
Leergewicht:	5650 kg
zul. Gesamtgew.:	12500 kg
Reifen:	12,5-20; 14,5-20; 12 R 22,5
Radstand:	3250 mm
Spurweite:	1840 mm
Ladefläche:	2550 (3000) x 2200 x 500 mm
L x B x H:	5370 x 2350 x 2685 mm

Mercedes-Benz Unimog 435

Baureihe:	Unimog 435
Modell/Typ:	U 1700 Kommunal
Bauzeit:	1979–1988
Motor:	6 Zyl., Reihe, 4-Takt-Diesel, OM 352 A, Direkteinspritzer mit Turbolader, Wasserkühlung
Hubraum:	5675 ccm
B x H:	97 x 128 mm
Leistung:	168 PS (124 kW) bei 2800
Antrieb:	Allrad; Vorderräder zuschaltbar
Getriebe:	8 V, 8 R, Synchron-Getriebe, Differenzialsperren vorn/hinten
Bremsen:	Zweikreis-Scheibenbremsen
Lenkung:	hydraulische Servolenkung
Höchstgeschw.:	90 km/h
Leergewicht:	5650 kg
zul. Gesamtgew.:	12500 kg
Reifen:	12,5-20; 12 R 22,5; 14,5-20
Radstand:	3250 mm
Spurweite:	1840 mm
Ladefläche:	2550 x 2200 x 500 mm
L x B x H:	5210 x 2340 x 2650 mm

Der Unimog ersetzte im kommunalen Betrieb einen ganzen Fuhrpark. All die dort anfallenden Aufgaben konnten mit ein und demselben Fahrzeug erfüllt werden. Im Winter fuhr er als leistungsstarkes Schneeräumgerät; in der übrigen Jahreszeit reinigte er mit einem Vorbaugerät die Leiteinrichtungen oder mähte mit anderer Ausrüstung den Straßenrand. Vom Gerätehersteller Schmidt, St. Blasien, speziell für das Mähen der Böschungen und Straßenränder entwickelt und angeboten, ließen sich beim U 1700 drei Arbeitsgänge kombinieren: Randstreifenmäher vorn, Böschungsmäher mit Absaugvorrichtung (System Schmidt-Mulag) auf der Hilfsladefläche, angehängt der Ladewagen. Der Sauger erfasste nicht nur das gesamte Schnittgut, sondern auch Papier, Flaschen oder anderen Abfall am Straßenrand. Teuere Handarbeit wurde auf ein Minimum reduziert. Durch Hineinschleudern in den Ladewagen (Fassungsvermögen 23 Kubikmeter) mit hohem Druck verdichtete sich das lose Material so stark, dass das Drei- bis Vierfache des Volumens gegenüber manueller Beladung aufgenommen werden konnte.

Mercedes-Benz Unimog 435

Dass sich die Möglichkeiten des Unimog als geländegängiges Nutzfahrzeug nicht allein auf land- und forstwirtschaftlichen, kommunalen oder militärischen Einsatz oder als Expeditionsfahrzeug beschränkten, zeigte sich, sogar erfolgreich, im Rallye-Sport. An der Rallye Paris-Dakar 1985 nahm erstmals als Service-Fahrzeug ein U 1300 L aus der Unimog-Baureihe 435 teil, der auf Anhieb gegen die sieggewohnten Spezialkonstruktionen von DAF und MAN ganz überlegen die Lkw-Wertung gewann. Zweifellos handelte es sich bei diesem vom Siegerländer Privatteam Capito eingesetzten und werksunterstützten Unimog um eine Spezialausführung mit wesentlich mehr Leistung als die Serienversionen sowie verstärkten Aufhängungs- und Federungsteilen. Die Basis dafür bildete die auf Wunsch lieferbaren »Tropenversion«, die in diesem Fall eine üblicherweise für den Unimog unerreichbare Spitzengeschwindigkeit von mindestens 180 km/h erzielte. Später wurde der

Baureihe:	Unimog 435
Modell/Typ:	U 1300 L/37 »Rallye Paris-Dakar«
Baujahr:	1985
Motor:	6 Zyl.Diesel, Rcihe, OM 352 A, Direkteinspritzer, Turbolader mit Ladeluftk., Wasserkühlg.
Hubraum:	5675 ccm
B x H:	97 x 128 mm
Leistung:	ca. 240 PS (177 kW) bei 2600
Antrieb:	Allrad; Vorderräder zuschaltbar
Getriebe:	8 V, 8 R, Synchron-Getriebe, Differentialsperren vorn/hinten
Bremsen:	Zweikreis-Scheibenbremsen
Lenkung:	hydraulische Servolenkung
Höchstgeschw.:	ca. 180 km/h
Leergewicht:	ca. 5250 kg
zul. Gesamtgew.:	10600 kg
Reifen:	14,5 R 20
Radstand:	3700 mm
Spurweite:	1860 mm
L x B x H:	6050 x 2300 x 2610 mm

Spezial-Unimog noch bei mehreren Motorsportveranstaltungen eingesetzt.

Mercedes-Benz Unimog 435

Wurde der U 1300 L als hochgeländegängiges Allrad-Fahrzeug bei seiner Premiere im Jahre 1976 noch von dem 6-Zylinder Saugmotor OM 352 mit 130 PS angetrieben, so startete er gute zehn Jahre später mit dem turbogeladenen OM 366 A der neuen Motoren-Generation, jetzt 136 PS stark, zu einer noch länger andauernden, zweiten Karriere. Gleichzeitig bildete der U 1300 L der Baureihe 435 die Basis zur Lizenzfertigung in der Türkei, wo mit ihm in Aksaray im September 1986, dort als Baureihe 436 bezeichnet, die Serienfertigung begann. Neben dem serienmäßigen 2- oder 3-sitzigem Ganzstahl-Kurzhaubenfahrerhaus, war der U 1300 L auch zusätzlich mit einer viertürigen Doppelkabine mit bis zu 7 Sitzplätzen ab Werk lieferbar. Von dem U 1300 L wurden bis heute mehr als 6.000 Exemplare in den verschiedensten Modellvarianten produziert.

Baureihe:	Unimog 435
Modell/Typ:	U 1300 L
Bauzeit:	1987 –
Motor:	6 Zyl., Reihe, Diesel, OM 366 A, Direkteinspritzer, Turbolader, Wasserkühlung
Hubraum:	5958 ccm
B x H:	97,5 x 133 mm
Leistung:	136 PS (100 kW) bei 2400
Antrieb:	Allrad; Vorderräder zuschaltbar
Getriebe:	8 V, 8 R, Synchron-Getriebe, Differentialsperren vorn/hinten
Bremsen:	Zweikreis-Scheibenbremsen
Lenkung:	hydraulische Servolenkung
Höchstgeschw.:	89 km/h
Leergewicht:	4860 kg
zul. Gesamtgew.:	7490 kg
Reifen:	12,5-20/12 PR; 14,5-20
Radstand:	3250 mm; 3700 mm
Spurweite:	1860 mm
Ladefläche:	2600 x 2200 x 500 mm
L x B x H:	5850 x 2300 x 2650 mm
Anmerkungen:	Listenpreis 1989: DM 90.030,–

Mercedes-Benz Unimog 435

Baureihe:	Unimog 435
Modell/Typ:	U 1300 L Feuerwehr
Bauzeit:	1987 –
Motor:	6 Zyl., Reihe, Diesel, OM 366 A, Direkteinspritzer, Turbolader, Wasserkühlung
Hubraum:	5958 ccm
B x H:	97,5 x 133 mm
Leistung:	136 PS (100 kW) bei 2400
Antrieb:	Allrad; Vorderräder zuschaltbar
Getriebe:	8 V, 8 R, Synchron-Getriebe, Differentialsperren vorn/hinten
Bremsen:	Zweikreis-Scheibenbremsen
Lenkung:	hydraulische Servolenkung
Höchstgeschw.:	89 km/h
Leergewicht:	3900 kg (Fahrgestell)
zul. Gesamtgew.:	7500 kg – 9000 kg
Reifen:	12,5-20/12 PR; 14,5-20
Radstand:	3250 mm; 3700 mm
Spurweite:	1860 mm
Ladefläche:	2600 x 2200 x 500 mm
L x B x H:	5850 x 2300 x 2650 mm

Aufgebaut als Tanklöschfahrzeug mit einem mitgeführten Löschwasservorrat von 2400 Litern (im Export bis zu 4000 Liter) eignet sich der U 1300 L besonders für Schnellangriffe. Er wird vor allem für die Bekämpfung von Entstehungsbränden wie auch für Erstangriffe bei größeren Bränden eingesetzt, bis die nachfolgenden Mannschaften und Fahrzeuge die Löschwasserversorgung sichergestellt haben. Dank seiner geringen Fahrzeugbreite von 2,3 Metern bietet der U 1300 L als kompaktes Fahrzeug auch in zugeparkten Straßen, verwinkelten Dörfern und engen Hinterhöfen mit seiner Wendigkeit die Gewähr für ein schnelles Durchkommen. Als Rüstwagen ist der Unimog mit einer Seilwinde mit 5 t Zugkraft, automatischer Anhängerkupplung mit Anhängerbremsanlage, Lichtmast, Generator und hydraulischen Rettungswerkzeugen ausgestattet.

Mercedes-Benz Unimog 435

Auch der U 1700 L erhielt den 1988 neu entwickelten 6-Zylinder Turbomotor, der nun 170 PS leistete. Neu: Als Verbrennungsverfahren wurde bei den Motoren der Baureihe OM 366 das bekannte Vierlochdüsen-Verfahren gewählt, das für günstige Verbrauchs- und Abgaswerte sorgte. Wie der U 1300 L, so bildete auch der U 1700 L der Baureihe 435 die Basis zur Lizenzfertigung in der Türkei, wo er als Baureihe 436 vom Band lief. Mit seiner Leistung von 170 PS bot sich der U 1700 L besonders in der Bauwirtschaft als Zugmaschine an und konnte, als Lkw zugelassen, mit seiner hohen Anhängelast von bis zu 15,9 Tonnen auch längere Anhänger mit entsprechender Last ziehen. Sein langer Radstand von 3250 mm bzw. 3850 mm ergab viel Raum für große Ladepritschen und für den zusätzlichen Aufbau eines Ladekranes.

Baureihe:	Unimog 435
Modell/Typ:	U 1700 L
Bauzeit:	1989 – 1991
Motor:	6 Zyl., Reihe, Diesel, OM 366 A, Direkteinspritzer, Turbolader, Wasserkühlung
Hubraum:	5958 ccm
B x H:	97,5 x 133 mm
Leistung:	170 PS (125 kW) bei 2600
Antrieb:	Allrad; Vorderräder zuschaltbar
Getriebe:	8 V, 8 R, Synchron-Getriebe, Differentialsperren vorn/hinten

Bremsen:	Zweikreis-Scheibenbremsen
Lenkung:	hydraulische Servolenkung
Höchstgeschw.:	107 km/h
Leergewicht:	5280 kg
zul. Gesamtgew.:	10600 kg – 14000 kg
Reifen:	13 R 22,5
Radstand:	3250 mm; 3850 mm
Spurweite:	1920 mm
Ladefläche:	3150 x 2200 x 500 mm
L x B x H:	5400 x 2340 x 2650 mm

Mercedes-Benz Unimog 435

Baureihe:	Unimog 435
Modell/Typ:	U 1300 L/37 »Anteos«
Bauzeit:	1991
Motor:	6 Zyl. Diesel, Reihe, OM 352, Direkteinspritzer, Wasserkühlung
Hubraum:	5675 ccm
B x H:	97 x 128 mm
Leistung:	130 PS (96 kW) bei 2800
Antrieb:	Allrad; Vorderräder zuschaltbar
Getriebe:	8 V, 8 R, Synchron-Getriebe, Differentialsperren vorn/hinten
Bremsen:	Zweikreis-Scheibenbremsen
Lenkung:	hydraulische Servolenkung
Höchstgeschw.:	ca. 100 km/h
zul. Gesamtgew.:	10600 kg
Reifen:	14,5-20
Radstand:	3700 mm
Spurweite:	1860 mm
L x B:	8000 x 2200 mm

Die vielfältigen Nutzungsmöglichkeiten waren es, die viele Firmen reizte, den Unimog mit Spezialaufbauten zu versehen. Zu einem der ausgefallensten Fahrzeuge auf Unimog-Basis avancierte zweifellos ein 16sitziger, futuristisch anmutender Bus mit der Bezeichnung »Anteos«, der 1991 auf dem Fahrgestell des U 1300 L/37 der schweren Baureihe 435 mit langem Radstand (3700 mm) bei der Firma Teos in Macon/Frankreich entwickelt wurde. Die Karosserie des acht Meter langen Fahrzeuges wurde von der Firma Trouillet, ebenfalls in Macon, gefertigt. Diese Unimog-Spezialversion war für Safaris, Expeditionen und ähnliches gedacht. Auch wurde es konzipiert, um ein Fernsehteam in die Lage zu versetzen, die Rallye Paris-Dakar hautnah zu begleiten. Es war mit hochwertiger Technik und mit allem Komfort bis hin zur Klimaanlage ausgestattet. Die Kabine ähnelte der eines Flugzeuges: Überdruck verhinderte das Eindringen von Sand oder Wasser. Eine Kapazität von 360 Liter Kraftstoff ermöglichte eine Reichweite von bis zu 1500 Kilometern. Allerdings blieb diese Unimog-Variante, wie viele andere auch, ein Einzelstück.

Mercedes-Benz Unimog 407

Strukturwandel und eine noch transparentere Modellbezeichnung kennzeichneten Ende der 80er Jahre das Unimog-Programm, das in der Folgezeit kräftig erweitert und modernisiert werden sollte. Den Anfang der neuen und komplett überarbeiteten Unimog-Familie machte der U 600 der »leichten« Baureihe 407, dessen Vierzylinder-Dieselmotor wie beim Urahn nach dem Vorkammer-Verfahren arbeitete. Auch behielt der kleine 407 das Design des über 20 Jahre alten Fahrerhauses, das jedoch grundlegend modifiziert wurde. Neben vielen Detailverbesserungen wie asbestfreie Brems- und Kupplungsbeläge kam in der leichten Baureihe auch ein neues Getriebe mit acht Vorwärts- und vier Rückwärtsgängen zum Einbau. Die Baureihe 407 löste nicht nur den seit 1966 gebauten Unimog 421 ab, sondern knüpfte nahtlos an die Erfolge seines Vorgängers an. Bereits 1988 entfielen rund ein Drittel der gesamten Unimog-Produktion auf Fahrzeuge der »leichten« Baureihe 407.

Baureihe:	Unimog 407
Modell/Typ:	U 600 Kommunal
Bauzeit:	1988 – 1993
Motor:	4 Zyl. Reihe, Vorkammer-Diesel, Typ OM 616, Wasserkühlung
Hubraum:	2399 ccm
B x H:	90,9 x 92,4 mm
Leistung:	52 PS (38 kW) bei 3000
Antrieb:	Allrad; Vorderräder zuschaltbar
Getriebe:	8 V, 4 R, Synchron-Getriebe, Differenzialsperren vorn/hinten
Bremsen:	Zweikreis-Trommelbremsen
Lenkung:	mech. ZF-Gemmer-Lenkung
Höchstgeschw.:	67 km/h
Leergewicht:	2950 kg
zul. Gesamtgew.:	4500 kg
Reifen:	10,5-20 / 10PR
Radstand:	2250 mm
Spurweite:	1390 mm
Ladefläche:	1750 x 1600 x 400 mm
L x B x H:	4010 x 1895 x 2450 mm
Anmerkungen:	auch mit 60 PS bei 3500/min, Produktion: 588 Exemplare, Listenpreis 1991: DM 57.510,–

Mercedes-Benz Unimog 407

Abgestimmt auf den Einsatz im Wald erhielt der Unimog eine besondere Sicherheitsausstattung, die den Forderungen der Praxis, aber auch allen Vorschriften der Berufsgenossenschaft und des Gesetzes für technische Arbeitsmittel entsprach. Der 52 PS starke U 600 Forstschlepper, den es auch mit einer Leistung von 60 PS gab, empfahl sich bei der Holzernte, dem Rücken, Poltern und beim Transportieren der Stämme mit

hoher Leistung bei gleichzeitigem schonenden Umgang mit dem Boden. Zur ökologischen Waldbewirtschaftung trug vor allem der auf vier gleich große und gleich breite Räder verteilte Allradantrieb und die Spezialreifen mit großer Auflagefläche und niedrigem Innendruck, die den Druck auf die Erdoberfläche ebenfalls verringerten, bei. Der Unimog-Rahmen – zwei U-Profil-Längsträger mit eingeschweißten Rohrquerträgern – bot ausreichend Reserven zum Aufnehmen großer Lasten. Für Waldbauern besonders interessant: Der Forst-Unimog konnte innerhalb kurzer Zeit wieder für den landwirtschaftlichen Einsatz umgerüstet werden.

Baureihe:	Unimog 407
Modell/Typ:	U 600 Forst
Bauzeit:	1988 – 1993
Motor:	4 Zyl. Reihe, Vorkammer-Diesel, Typ OM 616, Wasserkühlung
Hubraum:	2399 ccm
B x H:	90,9 x 92,4 mm
Leistung:	52 PS (38 kW) bei 3000
Antrieb:	Allrad; Vorderräder zuschaltbar
Getriebe:	8 V, 4 R, Synchron-Getriebe, Differenzialsperren vorn/hinten
Bremsen:	Zweikreis-Trommelbremsen
Lenkung:	mech. ZF-Gemmer-Lenkung
Höchstgeschw.:	67 km/h
Leergewicht:	2950 kg
zul. Gesamtgew.:	4500 kg
Reifen:	10,5-20 / 10PR
Radstand:	2250 mm
Spurweite:	1390 mm
Ladefläche:	1750 x 1600 x 400 mm
L x B x H:	4010 x 1895 x 2450 mm
Anmerkungen:	auch als U 900 mit 84 PS bzw. als U 1150 mit 110 PS

Mercedes-Benz Unimog 407

Im neu gestalteten Unimog-Programm Ende der 80er Jahre, das in vier verschiedene Fahrzeug-Gattungen gegliedert war, erhielt die Modellreihe »Arbeitsmaschinen mit langem Radstand« eine »fünfziger« Nummerierung. Gegenüber dem U 600 der Reihe »Arbeitsmaschinen mit kurzem Radstand«, hatte der U 650 einen um 355 mm auf 2605 mm vergrößerten Radstand. Neu ausgelegt wurde auch das Fahrgestell, das nun serienmäßig eine verstärkte Vorderachsfederung erhielt. Ein zusätzlich eingebauter Stabilisator trug zur Verbesserung des Fahrverhaltens bei. Die kleine Baureihe 407 sollte dort bevorzugt eingesetzt werden, wo rund ums Jahr leistungsfähige Allroundgeräte gefragt waren – kleine und wendige Fahrzeuge mit einem ausgewogenen Verhältnis von beanspruchtem Verkehrsraum, Spurweite und Standfestigkeit. Voraussetzungen für die maschinelle Durchführung vieler Arbeiten »vor Ort«.

Baureihe:	Unimog 407
Modell/Typ:	U 650 Kommunal
Bauzeit:	1988 – 1993
Motor:	4 Zyl. Reihe, Vorkammer-Diesel, Typ OM 616, Wasserkühlung
Hubraum:	2399 ccm
B x H:	90,9 x 92,4 mm
Leistung:	60 PS (44 kW) bei 3500
Antrieb:	Allrad; Vorderräder zuschaltbar
Getriebe:	8 V, 4 R, Synchron-Getriebe, Differenzialsperren vorn/hinten
Bremsen:	Zweikreis-Trommelbremsen
Lenkung:	mech. ZF-Gemmer-Lenkung
Höchstgeschw.:	77 km/h
Leergewicht:	3050 kg
zul. Gesamtgew.:	4500 kg
Reifen:	10,5-18/8 PR; 10,5-20
Radstand:	2605 mm
Spurweite:	1400 mm
Ladefläche:	1950 x 1600 x 400 mm
L x B x H:	4375 x 1895 x 2450 mm
Anmerkungen:	Servolenkung auf Wunsch Stückzahl: 145 Exemplare Listenpreis 1991: DM 61.580,–

Mercedes-Benz Unimog 407

Der Winterdienst gehört zu den Domänen des Unimog. Der U 650 der »leichten« Baureihe 407, ausgerüstet als Schneeräummaschine zur Frontal- und Randwallräumung, war innerhalb der Unimog-Familie die leistungsmäßig kleinste, aber wirtschaftlichste Variante. Eine weitere Modellvariante stellte der U 650 L dar. Er wurde im Unimog-Programm als »hochgeländegängiges Fahrzeug mit langem Radstand« geführt, für den eine »fünfziger« Nummerierung galt. Der Zusatz »L« bedeutete, dass dieser Unimog zusätzlich mit einem »langen« Rahmen (Aufbaulänge max. 2600 mm) ausgestattet war und im Normalfall als Lkw zugelassen werden musste, wenn nicht seine Ausrüstung eine Zulassung als selbstfahrende Arbeitsmaschine bzw. Zugmaschine möglich machte. Auch beim U 650/U 650 L, wie auch beim U 600, waren, die Scheinwerfer noch im Kühlergesicht untergebracht. Auch hatten die Modelle der Baureihe 407 noch hydraulische Zweikreis-Trommelbremsen.

Baureihe:	Unimog 407
Modell/Typ:	U 650 / U 650 L
Bauzeit:	1988 – 1993
Motor:	4 Zyl. Reihe, Vorkammer-Diesel, Typ OM 616, Wasserkg.
Hubraum:	2399 ccm
B x H:	90,9 x 92,4 mm
Leistung:	60 PS (44 kW) bei 3500
Antrieb:	Allrad; Vorderräder zuschaltbar
Getriebe:	8 V, 4 R, Synchron-Getriebe, Differenzialsperren vorn/hinten
Bremsen:	Zweikreis-Trommelbremsen
Lenkung:	mech. ZF-Gemmer-Lenkung
Höchstgeschw.:	77 km/h
Leergewicht:	3050 kg; U 650L: 2360 kg Fahrg.
zul. Gesamtgew.:	4500 kg – 5800 kg
Reifen:	10,5-20
Radstand:	2605 mm
Spurweite:	1390 mm
L x B x H:	4375 (4740) x 1895 x 2450 mm

Mercedes-Benz Unimog 417

Angepasst an die seinerzeitige, schwierige Marktsituation, bot Mercedes-Benz mit dem U 800 eine Vierzylinder-Variante als Einstiegsmodell in die mittlere Baureihe 417 an. Während im U 900 der 6-Zylindermotor OM 352 mit 84 PS arbeitete, erhielt der U 800 den sparsamen, 75 PS starken Vierzylinder OM 314 aus der Vorgänger-Baureihe 403 bzw. 413. Mit einer Produktionszahl von lediglich 67 Exemplaren kam der U 800 allerdings nicht an die Erfolge seiner Vorgänger heran. Dies schafften die »größeren«

Modelle der Baureihe 417, die mit mehr Leistung und mit modernen Sechszylindermotoren ausgerüstet waren. Der U 800 war vor allem für den kombinierten Landwirtschafts- und Kommunaleinsatz gedacht, wo er als wirtschaftliche und wendige Arbeits- und Zugmaschine das ganze Jahr über universell und vielseitig eingesetzt werden konnte.

Baureihe:	Unimog 417
Modell/Typ:	U 800
Bauzeit:	1988 – 1990
Motor:	4 Zyl. 4-Takt-Diesel, Typ OM 314, Direkteinspritzer, Wasserkühlg.
Hubraum:	3780 ccm
B x H:	97 x 128 mm
Leistung:	75 PS (55 kW) bei 2600
Antrieb:	Allrad; Vorderräder zuschaltbar
Getriebe:	8 V, 4 R, Synchron-Getriebe, Differentialsperren vorn/hinten
Bremsen:	Zweikreis-Scheibenbremsen
Lenkung:	ZF-Kugelmutter-Hydrolenkung
Höchstgeschw.:	73 km/h; Kriechgeschw. 0,5 km/h
Leergewicht:	3340 kg
zul. Gesamtgew.:	6000 kg – 7500 kg
Reifen:	10,5-/R 20
Radstand:	2380 mm
Spurweite:	1555 mm
Ladefläche:	1910 x 1890 x 400 mm
L x B x H:	4100 x 2040 x 2560 mm
Anmerkungen:	Motorbremse auf Wunsch Listenpreis 1989: DM 70.520,–

Mercedes-Benz Unimog 417

Den Anfang einer künftigen, neu geordneten Unimog-Familie mit vier Baureihen machte im Jahre 1988 der U 900 der »mittleren« Baureihe 417. Und damit begann auch die Zeit der bis dahin besten und ausgereiftesten Geräteträger. Der U 900 unterschied sich vom »kleineren« U 600 der leichten Baureihe 407 durch den 6-Zylindermotor OM 352, durch einen um 130 mm auf 2380 mm größeren Radstand und vor allem durch die Anordnung der Scheinwerfer, die nun in die Stoßstangen wanderten. Im Gegensatz zu der 1976 eingeführten »schweren Baureihe« 424, 425 und 435 behielt man beim 417 das 20 Jahre alte Ganzstahlfahrerhaus im Design der frühen 70er Jahre bei, das jedoch grundlegend modifiziert wurde. Die mittlere Baureihe 417 löste den seit 1963 gefertigten Unimog 406 ab und wurde gleichzeitig durch weitere Modelle erweitert. Wie alle anderen Unimog-Typen hat auch der U 900 eine hydraulisch nach drei Seiten kippbare Hilfsladefläche, die für Nutzlasten oder zum Transport von Arbeitsgeräten bestimmt war.

Baureihe:	Unimog 417
Modell/Typ:	U 900
Bauzeit:	1988 – 1993
Motor:	6 Zyl. 4-Takt-Diesel, Typ OM 352, Direkteinspritzer, Wasserkühlung
Hubraum:	5675 ccm
B x H:	97 x 128 mm
Leistung:	84 PS (62 kW) bei 2550
Antrieb:	Allrad; Vorderräder zuschaltbar
Getriebe:	8 V, 4 R, Synchron-Getriebe, Differenzialsperren vorn/hinten
Bremsen:	Zweikreis-Scheibenbremsen
Lenkung:	ZF-Kugelmutter-Hydrolenkung
Höchstgeschw.:	78 km/h; Kriechgeschw. 0,5 km/h
Leergewicht:	3480 kg
zul. Gesamtgew.:	6500 kg
Reifen:	10,5-/R 20; 12,5-20 (Wunsch)
Radstand:	2380 mm
Spurweite:	1555 mm
Ladefläche:	1910 x 1890 x 400 mm
L x B x H:	4100 x 2040 x 2560 mm
Anmerkungen:	auch mit 110 PS (81 kW) Stückzahl: 1387 Exemplare Listenpreis 1991: DM 85.810,–

Mercedes-Benz Unimog 417

Der U 1100 T stellte die Triebkopf-Variante der mittleren Baureihe 417 dar. Er wurde, wie alle anderen, mit einem robusten, speziell für die Bedürfnisse der Triebköpfe entwickelten Rahmen geliefert. Mit den standardisierten Anbaupunkten wurde auch beim U 1100 T eine sichere, problemlose und solide Verbindung zum Hinterwagen hergestellt. Zum Lieferumfang des Triebkopfes gehörten alle bewährten Unimog-Aggregate wie Motor, Getriebe, Achse, Fahrerhaus sowie die zweikreisige Betriebsbremse mit Anschlüssen für den Hinterwagen, Feststellbremsventil zum Anschluss der Feststelleinrichtung am Hinterwagen, Vorderachsantrieb mit Diffenzialsperre und Antriebsflansch für Hinterachsantrieb (4x4). Darüber hinaus war eine Vielzahl von Sonderausstattungen ab Werk lieferbar. So gab es beispielsweise Hydraulikanlage, Zapfwelle, Nebenabtriebe sowie verschiedene Getriebevarianten.

Baureihe:	Unimog 417
Modell/Typ:	U 1100 T Triebkopf
Bauzeit:	1988 – 1993
Motor:	6 Zyl. 4-Takt-Diesel, Typ OM 352, Direkteinspritzer, Wasserkühlung
Hubraum:	5675 ccm
B x H:	97 x 128 mm
Leistung:	110 PS (81 kW) bei 2800
Antrieb:	Vorderräder
Getriebe:	8 V, 4 R, Synchron-Getriebe, Differenzialsperre vorn
Bremsen:	Zweikreis-Scheibenbremse
Lenkung:	ZF-Kugelmutter-Hydrolenkung
Höchstgeschw.:	86 km/h; Kriechgeschw. 0,6 km/h
Leergewicht:	2380 kg
zul. Gesamtgew.:	9000 kg – 13000 kg
Reifen:	10,5-/R 20
Spurweite:	1555 mm
L x B x H:	2260 x 2040 x 2560 mm
Anmerkungen:	Führerschein Klasse 3, Stückzahl: 96 Exemplare, Listenpreis 1991: DM 71.690,–

Mercedes-Benz Unimog 417

Der U 1150 mit einer Leistung von 110 PS (81 kW) als Arbeitsmaschine mit langem Radstand (2900 mm) rundete die mittlere Baureihe 417 nach oben ab. Er sollte vor allem bei den kommunalen Fuhrparks zum Einsatz kommen, denn die Zulassungsstatistik bewies: Mehr als die Hälfte der Unimog-Arbeitsmaschinen wurden zur Erledigung der im öffentlichen Dienst anfallenden Aufgaben bestellt. Weitere 25 Prozent der jährlichen Neuzulassungen in der Bundesrepublik entfielen auf die Bau- und Energiewirtschaft und nur zehn Prozent gingen in die Land- und Forstwirtschaft. Angepasst an die vielseitigen Aufgaben im Kommunaleinsatz und ausgerüstet mit einem ausgeklügelten Hydrauliksystem und mit Zapfwellen vorn, seitlich und hinten, konnte der Unimog U 1150 auch mit mehreren Anbaugeräten gleichzeitig arbeiten. Der U 1150 war sehr kompakt und wendig und bewährte sich besonders als Transportfahrzeug.

Baureihe:	Unimog 417	**Lenkung:**	ZF-Kugelmutter-Hydrolenkung
Modell/Typ:	U 1150 Kommunal	**Höchstgeschw.:**	86 km/h; Kriechgeschw. 0,6 km/h
Bauzeit:	1988 – 1993	**Leergewicht:**	3530 kg
Motor:	6 Zyl. 4-Takt-Diesel, Typ OM 352, Direkteinspritzer, Wasserkühlung	**zul. Gesamtgew.:**	6500 kg
Hubraum:	5675 ccm	**Reifen:**	10,5-/R 20; 12,5-20 (Wunsch)
B x H:	97 x 128 mm	**Radstand:**	2900 mm
Leistung:	110 PS (81 kW) bei 2800	**Spurweite:**	1555 mm
Antrieb:	Allrad; Vorderräder zuschaltbar	**Ladefläche:**	1910 x 1890 x 400 mm
Getriebe:	8 V, 4 R, Synchron-Getriebe, Differenzialsperren vorn/hinten	**L x B x H:**	4620 x 2040 x 2560 mm
Bremsen:	Zweikreis-Scheibenbremsen	**Anmerkungen:**	Produktion 228 Exemplare Listenpreis 1991: DM 92.370,–

Mercedes-Benz Unimog 417

Die Unimog-Fahrgestelle U 1150 L gab es mit 2900 mm und 3400 mm (U 1150 L/34) und bildeten somit als »hochgeländegängige Fahrzeuge« die Basis für Sonderaufbauten, zum Beispiel als Feuerwehrfahrzeug. Wegen seiner kompakten Abmessungen fand der 110 PS starke U 1150 L vor allem als mobile Beobachtungsstation und als Erstangrifffahrzeug Verwendung. Ausgerüstet mit einem Ziegler-Feuerwehraufbau, dessen Löschwasservorrat ein Volumen von 2000 Liter hatte, wurde der U 1150 L als Waldbrand- und kommunales Tanklöschfahrzeug eingesetzt. Zu den vollbelastbaren und fernbedienbaren Pumpenantrieben bot der Unimog eine weitere Besonderheit: einen getriebeunabhängigen Nebenantrieb für Feuerlöschpumpen. Über eine fahrunabhängige Doppelkupplung (während der Fahrt schaltbar) konnte die Heckpumpe kontinuierlich betrieben werden – wobei es keine Rolle spielte, ob der Unimog stand, fuhr oder ein Gang eingelegt war (Pump and Roll).

Baureihe:	Unimog 417
Modell/Typ:	U 1150 L Feuerwehr
Bauzeit:	1988 – 1993
Motor:	6 Zyl. 4-Takt-Diesel, Typ OM 352, Direkteinspritzer, Wasserkühlung
Hubraum:	5675 ccm
B x H:	97 x 128 mm
Leistung:	110 PS (81 kW) bei 2800
Antrieb:	Allrad; Vorderräder zuschaltbar
Getriebe:	8 V, 4 R, Synchron-Getriebe, Differenzialsperren vorn/hinten
Bremsen:	Zweikreis-Scheibenbremsen
Lenkung:	ZF-Kugelmutter-Hydrolenkung
Höchstgeschw.:	86 km/h; Kriechgeschw. 0,6 km/h
Leergewicht:	3480 kg, 3610 kg
zul. Gesamtgew.:	6500 kg – 7500 kg
Reifen:	10,5-/R 20; 12,5-20 (Wunsch)
Radstand:	2900 mm; 3400 mm (U 1150L/34)
Spurweite:	1555 mm
Aufbaulänge:	3080 mm, 3650 mm
L x B x H:	4765 (5380) x 2040 x 2560 mm
Anmerkungen:	Stückzahl: 497 Exemplare

Mercedes-Benz Unimog 427

Mit der »mittelschweren« Baureihe 427, die den Markt nach oben abrundete, setzte Daimler-Benz seine, mit der »leichten« und »mittleren« Baureihe eingeschlagene Neuordnung des Unimog-Programmes für die kommenden 90er Jahre konsequent fort. Äußerlich blieb sie gegenüber den 1976 erschienenen »schweren« Baureihen 424 und 425 fast unverändert, doch unter der Motorhaube tat sich viel Neues: So wurde die Motorenbaureihe OM 352 durch den modernen, neu entwickelten Direkteinspritzer-Dieselmotor der Baureihe OM 366 ersetzt. Ziel war ein höheres Leistungsangebot, ein besseres Drehmomentverhalten und eine Verminderung des Kraftstoffverbrauches bei günstigeren Abgaswerten. Die leistungsstarken Dieselaggregate gab es wahlweise sogar mit Abgasturbolader und mit bis zu 156 PS aus 5,9-Liter-Hubraum. Mit einer Leistung von 102 PS war der U 1000 das kleinste Modell der »mittelschweren« Baureihe 427, das auch über das Jahr 1992 hinaus mit leichten Modifikationen bis 1993 mit insgesamt 703 Exemplaren weiterproduziert wurde.

Baureihe:	Unimog 427
Modell/Typ:	U 1000 Kommunal
Bauzeit:	1988–1993
Motor:	6 Zyl. Reihe, Diesel, OM 366, Direkteinspritzer, Wasserkühlung
Hubraum:	5958 ccm
B x H:	97,5 x 133 mm
Leistung:	102 PS (75 kW) bei 2400
Antrieb:	Allrad; Vorderräder zuschaltbar
Getriebe:	8 V, 8 R, Synchron-Getriebe, Differenzialsperren vorn/hinten
Bremsen:	Zweikreis-Scheibenbremsen
Lenkung:	hydraulische Servolenkung
Höchstgeschw.:	83 km/h
Leergewicht:	4160 kg
zul. Gesamtgew.:	7500 kg
Reifen:	12,5-R20
Radstand:	2650 mm
Spurweite:	1660 mm
Ladefläche:	1475 (1950) x 1890 x 400 mm
L x B x H:	4470 x 2110 x 2620 mm
Anmerkungen:	Listenpreis 1991: DM 92.210,–

Mercedes-Benz Unimog 427

Das große Spektrum von Einsatzmöglichkeiten des Unimog kam nicht nur im kommunalen Bereich, sondern neuerdings auch wieder verstärkt in der Landwirtschaft voll zum Tragen. War der Unimog ursprünglich als landwirtschaftliches Sonderfahrzeug geplant, so traten im Laufe der Jahre diese Talente etwas in den Hintergrund. Ende der 80er Jahre benötigte eine moderne Landwirtschaft universelle Fahrzeuge, die sowohl für den Ackerbetrieb als auch für den Vertrieb der landwirtschaftlichen Produkte über die Straße genutzt werden konnte. So kam die ursprüngliche Forderung, ein langsames Acker- und im Bedarfsfall schnelles Straßenfahrzeug in einem zu haben, wieder nachdrücklich zur Geltung. Der allradgetriebene U 1200 mit einem Radstand von 2650 mm, mit Abgasturbolader und mit 125 PS aus sechs Liter Hubraum, bot zudem alle technischen Voraussetzungen, um als Arbeitsmaschine auch im überbetrieblichen Einsatz dem Landwirt als Lohnunternehmer zusätzliche Einnahmequellen zu erschließen.

Baureihe:	Unimog 427
Modell/Typ:	U 1200 A Agrar
Bauzeit:	1988 – 1994
Motor:	6 Zyl. Diesel, Reihe, OM 366 A, Direkteinspritzung, Turbolader, Wasserkühlung
Hubraum:	5958 ccm
B x H:	97,5 x 133 mm

Leistung:	125 PS (92 kW) bei 2400
Antrieb:	Allrad; Vorderräder zuschaltbar
Getriebe:	8 V, 8 R, Synchron-Getriebe, Differenzialsperren vorn/hinten
Bremsen:	Zweikreis-Scheibenbremsen
Lenkung:	hydraulische Servolenkung
Höchstgeschw.:	89 km/h; Kriechgeschw. 0,16 km/h

Leergewicht:	4560 kg
zul. Gesamtgew.:	7500 kg
Reifen:	14,5 R 20
Radstand:	2650 mm
Spurweite:	1660 mm
Ladefläche:	1950 x 1890 x 400 mm
L x B x H:	4470 x 2110 x 2620 mm
Anmerkungen:	Produktion 2.063 Exemplare

Mercedes-Benz Unimog 427

Mit seinem kurzen Radstand von 2650 mm überzeugte der kompakte Unimog U 1200 besonders als wendige Allrad-Arbeitsmaschine im Kommunal-Einsatz. In den Sommermonaten gehörte das Mähen zu den Hauptaufgaben des Unimog, wobei durch das ausgeklügelte Schnellwechselsystem jedes andere Anbaugerät in kurzer Zeit montiert werden konnte, falls das Trägerfahrzeug zu einem anderen Zweck benötigt wurde. Vorteile, die dem Unimog ein großes Spektrum von Einsatzmöglichkeiten im kommunalen Bereich verschafften. Hierzu trug auch der Allradantrieb über Schubrohre bei. Im Schubrohr liegen die Kardanwellen geschützt gegen Verschmutzung, Beschädigung und Korrosion. Die Schubrohrtechnik ermöglicht lange Federwege und eine optimale Übertragung der Antriebskräfte. Auch lassen sich die Unimog-Achsen extrem verschränken, sodass selbst anspruchsvollste Geländesituationen gemeistert werden konnten.

Baureihe:	Unimog 427	**Bremsen:**	Zweikreis-Scheibenbremsen
Modell/Typ:	U 1200 Kommunal	**Lenkung:**	hydraulische Servolenkung
Bauzeit:	1988–1994	**Höchstgeschw.:**	89 km/h; Kriechgeschw. 0,16 km/h
Motor:	6 Zyl. Diesel, Reihe, OM 366 A, Direkteinspritzung, Turbolader, Wasserkühlung	**Leergewicht:**	4210 kg
		zul. Gesamtgew.:	7500 kg
Hubraum:	5958 ccm	**Reifen:**	12,5-20
B x H:	97,5 x 133 mm	**Radstand:**	2650 mm
Leistung:	125 PS (92 kW) bei 2400	**Spurweite:**	1660 mm
Antrieb:	Allrad; Vorderräder zuschaltbar	**Ladefläche:**	1950 x 1890 x 400 mm
Getriebe:	8 V, 8 R, Synchron-Getriebe, Differenzialsperren vorn/hinten	**L x B x H:**	4470 x 2110 x 2620 mm
		Anmerkungen:	Listenpreis 1991: DM 94.740,–

Mercedes-Benz Unimog 427

Baureihe:	Unimog 427
Modell/Typ:	U 1200 T Triebkopf
Bauzeit:	1988 – 1994
Motor:	6 Zyl. Diesel, Reihe, OM 366 A, Direkteinspritzung, Turbolader, Wasserkühlung
Hubraum:	5958 ccm
B x H:	97,5 x 133 mm
Leistung:	125 PS (92 kW) bei 2400
Antrieb:	Vorderräder
Getriebe:	8 V, 8 R, Synchron-Getriebe, Differenzialsperre vorn
Bremsen:	Scheibenbremsen, ABS (Wunsch)
Lenkung:	hydraulische Servolenkung
Höchstgeschw.:	89 km/h; Kriechgeschw. 0,16 km/h
Leergewicht:	2950 kg
zul. Gesamtgew.:	13.750 kg
Reifen:	12,5-/R20
Spurweite v.:	1670 mm
L x B x H:	2750 x 2110 x 2620 mm
Anmerkungen:	Listenpreis 1991: DM 83.400,–

Der U 1200 T stellte die Triebkopf-Version der mittelschweren Unimog Baureihe 427 dar. Ausgerüstet als Absetzkipper war der U 1200 T gut für eine Nutzlast von acht Tonnen und konnte Mulden oder Behälter mit einem Fassungsvermögen von bis zu 14 Kubikmeter aufnehmen. Der Unimog-Absetzkipper konnte auch schrägstehende Mulden im Einmannbetrieb problemlos aufnehmen, denn alle Bedienungseinrichtungen wurden vom Fahrersitz aus betätigt. Da weder hydraulische Abstützungen, noch Aufnahmeketten notwendig waren, konnte der Fahrer den Absetzvorgang schon bei der Rückfahrt einleiten, oder bereits losfahren, wenn die Mulde keine Bodenberührung mehr hatte. Eine weitere Variante des Absetzkippers bildete der Container-Hochsetzkipper. Für den Antrieb von Pumpen, Kompressoren, Seilwinden, Kehrbesen usw. konnte der Unimog-Triebkopf mit integrierter Hydraulikanlage, Zapfwelle und/oder Nebenabtrieb ausgestattet werden.

Mercedes-Benz Unimog 427

Baureihe:	Unimog 427
Modell/Typ:	U 1250
Bauzeit:	1988–1994
Motor:	6 Zyl. Diesel, Reihe, OM 366 A, Direkteinspritzung, Turbolader, Wasserkühlung
Hubraum:	5958 ccm
B x H:	97,5 x 133 mm
Leistung:	125 PS (92 kW) bei 2400
Antrieb:	Allrad; Vorderräder zuschaltbar
Getriebe:	8 V, 8 R, Synchron-Getriebe, Differenzialsperren vorn/hinten
Bremsen:	Zweikreis-Scheibenbremsen
Lenkung:	hydraulische Servolenkung
Höchstgeschw.:	89 km/h; Kriechgeschw. 0,16 km/h
Leergewicht:	4600 kg
zul. Gesamtgew.:	7500 kg
Reifen:	12,5-/R20
Radstand:	3250 mm
Spurweite:	1660 mm
Ladefläche:	2320 x 1950 x 380 mm
L x B x H:	5100 (5320) x 2100 x 2620 mm

Modifiziert und weiterentwickelt, setzte der U 1250 im Zuge einer Neuordnung der gesamten Unimog-Familie 1988 seine Karriere fort. War er zuvor der schweren Baureihe 424 zugeordnet, so gehörte er jetzt der mittelschweren Baureihe 427 an. Auch bekam er mit dem OM 366 A ein neues, modernes Antriebsaggregat, das ein besseres Drehmomentverhalten und einen gesunkenen Kraftstoffverbrauch bei günstigeren Abgaswerten vorwies. Der lange Radstand des U 1250 von 3250 mm bot viel Raum für große Ladepritschen und den zusätzlichen Aufbau eines Ladekrans. Überhaupt kam der schnelle und einfache Gerätewechsel beim Unimog dem Wunsch der Praktiker entgegen, Maschinen und Arbeitsgeräte ganzjährig mit Gewinn nutzen zu können und Standzeiten auszuschließen. Die Schnellfahreigenschaften des Unimog U 1250, der praktisch mit Autobahngeschwindigkeit von einer Baustelle zur anderen umsetzen konnte, sorgten zusätzlich für Rentabilität in den kommunalen und gewerblichen Fuhrparks. Die Produktion dieses Typs belief sich auf 735 Exemplare.

Mercedes-Benz Unimog 427

Baureihe:	Unimog 427
Modell/Typ:	U 1250 L Zweiwege
Bauzeit:	1988–2000
Motor:	6 Zyl. Diesel, Reihe, OM 366 A, Direkteinspritzung, Turbolader, Wasserkühlung
Hubraum:	5958 ccm
B x H:	97,5 x 133 mm
Leistung:	125 PS (92 kW) bei 2400
Antrieb:	Allrad; Vorderräder zuschaltbar
Getriebe:	8 V, 8 R, Synchron-Getriebe, Differenzialsperren vorn/hinten
Bremsen:	Zweikreis-Scheibenbremsen
Lenkung:	hydraulische Servolenkung
Höchstgeschw.:	89 km/h; Kriechgeschw. 0,16 km/h
Leergewicht:	4050 kg
zul. Gesamtgew.:	8500 kg
Reifen:	12,5-/R20
Radstand:	3250 mm
Spurweite:	1660 mm
Aufbaulänge:	2280 mm
L x B x H:	5110 x 2100 x 2620 mm

Mit einer Zweiweg-Schienenführungseinrichtung ausgerüstet, konnte der Unimog für die Arbeit an und auf den Schienen eingesetzt werden, denn das Schienennetz der Eisenbahn funktioniert nicht von alleine – an den Gleisen fallen ständig die verschiedensten Wartungs- und Instandsetzungsarbeiten an. Sein Allradantrieb und die Schnellfahreigenschaft bis nahezu 80 km/h ermöglichten dem Gleisbautrupp, sowohl auf der Straße als auch im Gelände die abseits aller Wege gelegenen Einsatzorte zu erreichen und dort auf die Schienen zu rollen. Um sich auf den Geleisen fortbewegen zu können, benötigt der Unimog dann die Zweiweg-Einrichtung mit ihrer absenkbaren Schienenführung. Und müssen die Arbeiten am und auf dem Gleis wegen des fahrplanmäßigen Zugverkehrs unterbrochen werden, macht der Unimog in Minutenschnelle die Schienen wieder frei. Zur Optimierung des Antriebstranges konnte der U 1250 L mit einer Wandlerschaltkupplung (WKS) ausgerüstet werden.

Mercedes-Benz Unimog 427

Im Zuge laufender Verbesserungsmaßnahmen erhielt der U 1250 L unter anderem auch eine geräumige, praxisgerechter gestaltete Fahrerkabine. Das zweisitzige Fahrerhaus war dreipunktgelagert und schallgedämpft, besaß große Fenster und eine zweckmäßige, arbeitsgerechte Grundausstattung. Dazu gehörten auch Heizung, Lüftung und komfortable Sitze. Für Wartungsarbeiten konnte das Fahrerhaus hochgestellt werden. Es war auf Wunsch mit drei Sitzen oder als Doppelkabine mit Platz für sieben Personen lieferbar. Unter der klappbaren Rücksitzbank der Doppelkabine befanden sich drei Staukästen, in denen Werkzeuge und sonstiges Ausrüstungsmaterial mitgenommen werden konnten. Überhaupt wurde der Arbeitsplatz des Fahrers nach neuesten ergonomischen Erkenntnissen gestaltet. So stand zwischen Sitz und Lenkrad viel Raum zur Verfügung. Die Instrumententafel, in bewährter Durchlichttechnik gestaltet, zeichnete sich auch durch sehr übersichtlich angeordnete Kontrollleuchten aus.

Baureihe:	Unimog 427
Modell/Typ:	U 1250 L Doppelkabine
Bauzeit:	1988 – 2000
Motor:	6 Zyl. Diesel, Reihe, OM 366 A, Direkteinspritzung, Turbolader, Wasserkühlung
Hubraum:	5958 ccm
B x H:	97,5 x 133 mm
Leistung:	125 PS (92 kW) bei 2400
Antrieb:	Allrad; Vorderräder zuschaltbar
Getriebe:	8 V, 8 R, Synchron-Getriebe, Differenzialsperren vorn/hinten
Bremsen:	Zweikreis-Scheibenbremsen
Lenkung:	hydraulische Servolenkung
Höchstgeschw.:	89 km/h; Kriechgeschw. 0,16 km/h
Leergewicht:	4050 kg
zul. Gesamtgew.:	8500 kg
Reifen:	12,5-/R20
Radstand:	3250 mm
Spurweite:	1660 mm
Aufbaulänge:	2280 mm
L x B x H:	5110 x 2100 x 2620 mm

Mercedes-Benz Unimog 427

Als Geräteträger hat sich der Unimog auch in der Energie- und Wasserwirtschaft einen Namen gemacht, speziell bei der Kabelverlegung und vor allem im Rohrleitungsbau. Mit der Grabenfräse im Heckanbauraum konnte unmittelbar entlang von Mauern, Zäunen, Baumreihen genauso gearbeitet werden, wie im Freileitungsbau. Nach erfolgter Rohrverlegung wurden dann mit der vorne angebauten Verfüllschnecke die aufgeworfenen Gräben wieder zugeschüttet. Für spezielle Einsätze in biologisch sensiblen Bereichen wie zum Beispiel in der Wasserwirtschaft, konnte Anfang der 90er Jahre der Unimog mit Rapsölmethylester (RME) im Kraftstofftank und Bio-Ölen in der Hydraulikanlage betrieben werden, ohne dass hierzu Umbauarbeiten am Fahrzeug erforderlich geworden wären. Vorteil für die Umwelt: Das in den Abgasen enthaltene Kohlendioxid wird von den Rapspflanzen zum Wachstum benötigt und wieder aufgenommen. Der U 1400 avancierte zum meistgebauten Unimog der Baureihe 427. Bis Ende 2000 konnten mehr als 5.100 Exemplare verkauft werden.

Baureihe:	Unimog 427
Modell/Typ:	U 1400 Wasserwirtschaft
Bauzeit:	1988–
Motor:	6 Zyl. Diesel, Reihe, OM 366 A, Direkteinspritzung, Turbolader, Wasserkühlung
Hubraum:	5958 ccm
B x H:	97,5 x 133 mm
Leistung:	136 PS (100 kW) bei 2400
Antrieb:	Allrad; Vorderräder zuschaltbar
Getriebe:	8 V, 8 R, Synchron-Getriebe, Differenzialsperren vorn/hinten
Bremsen:	Zweikreis-Scheibenbremsen
Lenkung:	hydraulische Servolenkung
Höchstgeschw.:	89 km/h; Kriechgeschw. 0,16 km/h
Leergewicht:	4210 kg
zul. Gesamtgew.:	7500 kg
Reifen:	12,5-/R20
Radstand:	2650 mm
Spurweite:	1660 mm
Ladefläche:	1950 x 1890 x 400 mm
L x B x H:	4470 x 2110 x 2620 mm
Anmerkungen:	Listenpreis 1991: DM 95.950,–

Mercedes-Benz Unimog 427

Baureihe:	Unimog 427
Modell/Typ:	U 1400 Freizeitmobil
Bauzeit:	1988 –
Motor:	6 Zyl. Diesel, Reihe, OM 366 A, Direkteinspritzung, Turbolader, Wasserkühlung
Hubraum:	5958 ccm
B x H:	97,5 x 133 mm
Leistung:	136 PS (100 kW) bei 2400
Antrieb:	Allrad; Vorderräder zuschaltbar
Getriebe:	8 V, 8 R, Synchron-Getriebe, Differenzialsperren vorn/hinten
Bremsen:	Zweikreis-Scheibenbremsen
Lenkung:	hydraulische Servolenkung
Höchstgeschw.:	89 km/h
Leergewicht:	4210 kg
Zuladung:	3290 kg
Reifen:	12,5-/R20
Radstand:	2650 mm
Spurweite:	1660 mm
Ladefläche:	1950 x 1890 x 400 mm
L x B x H:	4470 x 2110 x 2620 mm

Anfang der 90er Jahre waren es die Japaner, die eine neue Entwicklung in der ohnehin vielfältigen Nutzungsmöglichkeit des Unimog einleiteten. Als Vorreiter einer Idee, die später auch bei uns in Form des »Funmog« aufgegriffen werden sollte, entstand in Japan der »Urban Unimog« als Stadt- und Freizeitmobil.
Die Anregung für den Bau dieser Edel-Version kam aus Japan. Produziert wurden sie in Gaggenau, anschließend übernahm der japanische Importeur die erforderliche Umrüstung, um den Urban-Unimog dann und über das offizielle Händlernetz zu vertreiben.
Neben Repräsentationszwecken dienen diese Kultmobile auch zum Transport von allerlei Sportgeräten wie Wetbikes oder Motorrädern. Neben einer hochwertigen, Pkw-ähnlichen Innenausstattung ist es beim japanischen Freizeit-Unimog U 1400 vor allem die Verwendung von Chrom und Edelstahl für den mehrteiligen Rohrbügel hinter dem Fahrerhaus und der Frontpartie sowie die Metallic Lackierung, die ihn von seinen arbeitenden Brüdern der normalen Serienversion unterscheidet.

Mercedes-Benz Unimog 427

In einer für die Bauwirtschaft schwierigen Zeit, in der mehr denn je rationalisiert und rentabel gearbeitet werden musste, festigte der Unimog als kostengünstiger Geräteträger wie auch als Zugmaschine seine gute Stellung am Markt. Allein 25 Prozent der Unimog-Neuzulassungen in Deutschland entfielen Mitte der 80er Jahre auf die Bau- und Energiewirtschaft. Als Spezialmaschine im Straßenbau war der Unimog U 1450 zum Beispiel mit dem Trenkle-Plattenverdichter als zeit- und kostensparende Arbeitseinheit bei vielen Groß- und Mittelbetrieben auf Großbaustellen im In- und Ausland vertreten. Auch bei Energieversorgungsunternehmen auf Linienbaustellen sowie bei Arbeiten und Reparaturen abseits von Wegen und Straßen spielte neben der Geländegängigkeit das schnelle Umsetzen der Unimog-Arbeitsmaschine eine wichtige Rolle. Gerade im Leitungs- und Kabelbau kam die wirtschaftliche Kombination des autobahnfähigen Unimog dann voll zur Geltung.

Baureihe:	Unimog 427	**Lenkung:**	hydraulische Servolenkung
Modell/Typ:	U 1450 Baugewerbe	**Höchstgeschw.:**	89 km/h; Kriechgeschw. 0,16 km/h
Bauzeit:	1988–	**Leergewicht:**	4590 kg
Motor:	6 Zyl. Diesel, Reihe, OM 366 A, Direkteinspritzung, Turbolader, Wasserkühlung	**zul. Gesamtgew.:**	7500 kg – 8000 kg
		Reifen:	12,5-/R20
Hubraum:	5958 ccm	**Radstand:**	3250 mm
B x H:	97,5 x 133 mm	**Spurweite:**	1660 mm
Leistung:	136 PS (100 kW) bei 2400	**Ladefläche:**	2800 (2320) x 1950 x 380 mm
Antrieb:	Allrad; Vorderräder zuschaltbar		
Getriebe:	8 V, 8 R, Synchron-Getriebe, Differenzialsperren vorn/hinten	**L x B x H:**	5100 (5320) x 2100 x 2620 mm
Bremsen:	Zweikreis-Scheibenbremsen	**Anmerkungen:**	Listenpreis 1991: DM 98.590,–

Mercedes-Benz Unimog 427

Als universell einsetzbare und damit kostengünstige Vielzweck-Arbeitsmaschine in der Bauwirtschaft besonders gefragt, lagen die Vorteile des Unimog zum einen in der Kombinationsmöglichkeit verschiedenster An- und Aufbaugeräte, zum anderen konnte er Geräte, Baumaterial oder auch Bautrupps, dank Doppelkabine, auf eigener Achse und mit hoher Geschwindigkeit rasch von einer zur anderen Baustelle transportieren. So ließ sich der Unimog vor allem zum Transport von Baumaterialien und zum Be- und Entladen schwerster Lasten einsetzen. Die 136 PS starke Zugmaschine konnte aufgrund ihrer kompakten Abmessungen und ihrer hohen Anhängelast von bis zu 24 Tonnen auch längere Anhänger mit entsprechend schwerer Last ziehen und gleichzeitig noch schwere Aufbaugeräte mitführen. So ein hinter dem Fahrerhaus montierter Ladekran, der den Unimog zum wirtschaftlichen Einmann-Arbeitsplatz werden lässt.

Baureihe:	Unimog 427
Modell/Typ:	U 1450 L
Bauzeit:	1988–2000
Motor:	6 Zyl. Diesel, Reihe, OM 366 A, Direkteinspritzung, Turbolader, Wasserkühlung
Hubraum:	5958 ccm
B x H:	97,5 x 133 mm
Leistung:	136 PS (100 kW) bei 2400
Antrieb:	Allrad; Vorderräder zuschaltbar
Getriebe:	8 V, 8 R, Synchron-Getriebe, Differenzialsperren vorn/hinten
Bremsen:	Scheibenbremsen, Wunsch: ABS
Lenkung:	hydraulische Servolenkung
Höchstgeschw.:	90 km/h; Kriechgeschw. 0,16 km/h
Zul. Gesamtgew.:	7500 kg–8500 kg
Reifen:	10,5/R20
Radstand:	3250 mm
Spurweite:	1725 mm
Aufbaulänge:	3250 mm
L x B x H:	5110 x 2160 x 2620 mm

Mercedes-Benz Unimog 427

Der Wandel in der Agrarwirtschaft zwang zum kombinierten Landwirtschafts- und Kommunaleinsatz. Die Mehrfachnutzung stand nun im Vordergrund. Seine Leistungsfähigkeit als Allrad-Geräteträger konnte das Spitzenmodell der Reihe, der U 1600 A, daher nicht nur im Winter, sondern auch in den anderen Jahreszeiten beweisen. Die Terrabereifung beispielsweise erlaubte den pflanzen- und bodenschonenden Einsatz in der Flüssigdüngerausbringung und im Pflanzenschutz. Zu diesem Zweck erhielt der Unimog einen 3000 Liter fassenden Aufbautank sowie ein Sprühgerät mit 18 Metern Arbeitsbreite. Die automatisch lastabhängige Lageregelung der terramatic-Regelhydraulik sorgte dafür, dass der Streuscheibenabstand zum Boden stets gleich blieb. Den U 1600 A gab es auch mit der Reifendruck-Regelanlage »tirecontrol«, die über ein Display direkt vom Fahrerhaus aus steuerbar war. Mit ihr konnte der Reifendruck in allen vier Reifen gleichzeitig entweder für die bodenschonende Feldbearbeitung abgesenkt oder für Transportfahrten auf der Straße wieder erhöht werden.

Baureihe:	Unimog 427
Modell/Typ:	U 1600 A Agrar
Bauzeit:	1988–
Motor:	6 Zyl. Diesel, Reihe, OM 366 A, Direkteinspritzung, Turbolader, Wasserkühlung
Hubraum:	5958 ccm
B x H:	97,5 x 133 mm
Leistung:	156 PS (115 kW) bei 2400
Antrieb:	Allrad; Vorderräder zuschaltbar
Getriebe:	8 V, 8 R, Synchron-Getriebe, Differenzialsperren vorn/hinten
Bremsen:	Scheibenbremsen; Wunsch: ABS
Lenkung:	hydraulische Servolenkung
Höchstgeschw.:	89 km/h; Kriechgeschw. 0,16 km/h
Leergewicht:	5290 kg
Zul. Gesamtgew.:	10.000 kg
Reifen:	425 / 75 R 20
Radstand:	2650 mm
Spurweite:	1720 mm
Ladefläche:	1950 x 1890 x 400 mm
L x B x H:	4470 x 2170 x 2655 mm
Anmerkungen:	Wunsch: 211 PS (155 kW) Listenpreis 1991: DM 111.230,–

Mercedes-Benz Unimog 427

Den größten Anteil beim Winterdienst nahm schon immer die Schneeräumung mit dem Pflug ein. Bei hohem oder hartgefrorenem Schnee beweist die Schneefräse ihre Stärke. Über eine Breite von 2,4 Meter wird der Schnee abgefräst und in weitem Bogen ins Gelände oder über Verladekamine auf einen Lastwagen geblasen. Dank des Unimog-Geräteverriegelungssystems Servolock lassen sich selbst so große Frontanbaugeräte wie Schneepflüge oder Schneefräsen schnell im Einmannbetrieb aufnehmen und sicher auch durch die engsten Gassen im Innenstadtbereich manövrieren. Wird etwa ein Silostreuer auf der Pritsche mitgeführt, kann dieser separat über den zweiten Hydraulik-Kreis gesteuert werden. Ist der Winterdienst-Unimog zusätzlich mit einem Fahrhydrostat ausgerüstet, der ein stufenloses Schalten vorwärts und rückwärts ermöglicht, wird die Wendigkeit, die Arbeitsgeschwindigkeit und damit auch die Flächenleistung der allradgetriebenen Arbeitsmaschine nochmals beträchtlich erhöht.

Baureihe:	Unimog 427
Modell/Typ:	U 1600 Winterdienst
Bauzeit:	1988 –
Motor:	6 Zyl. Diesel, Reihe, OM 366 A, Direkteinspritzung, Turbolader, Wasserkühlung
Hubraum:	5958 ccm
B x H:	97,5 x 133 mm
Leistung:	156 PS (115 kW) bei 2400
Antrieb:	Allrad; Vorderräder zuschaltbar
Getriebe:	8 V, 8 R, Synchron-Getriebe, Differenzialsperren vorn/hinten
Bremsen:	Zweikreis-Scheibenbremsen
Lenkung:	hydraulische Servolenkung
Höchstgeschw.:	89 km/h; Kriechgeschw. 0,16 km/h
Leergewicht:	5260 kg
Zul. Gesamtgew.:	10.000 kg – 10.700 kg
Reifen:	315 / 80 R 22,5
Radstand:	2650 mm
Spurweite:	1650 mm
Ladefläche:	1950 x 1890 x 400 mm
L x B x H:	4470 x 2170 x 2655 mm
Anmerkungen:	mit 214 PS als U 1600 (214) Listenpreis 1995: DM 126.710,–

Mercedes-Benz Unimog 427

Der 156 PS starke U 1600 rundete die mittelschwere Baureihe 427 nach oben ab. Zugleich bildete dieser Typ auch die Brücke zur noch leistungsstärkeren, schweren Baureihe 437. Die Kompaktbauweise des Unimog U 1600 mit kurzen Überhängen vorn und hinten, einer geringen Fahrzeugbreite und relativ geringer Höhe erlaubt einen vielseitigen Einsatz auch in der Bauwirtschaft. Vor allem wenn es darum geht, mit schwerem Gerät schnell an Ort und Baustelle zu sein. Speziell für Erdarbeiten kann man den Unimog mit einem schweren Bagger-Aufbau ausrüsten. Dabei stehen zwei Varianten zur Verfügung: einmal der anstelle der Pritsche aufgebaute, vierfach abgestützte 360°-Bagger mit 2-Schalengreifern oder Tieflöffeln. Zum anderen verschieden starke, zweifach abgestützte Bagger im Heckaufbau, bei denen die Pritsche als Transportablage genutzt werden kann. Der Unimog schafft selbst mit diesen Bagger-Aufbauten noch gute 80 km/h.

Baureihe:	Unimog 427
Modell/Typ:	U 1600 Bagger
Bauzeit:	1988 –
Motor:	6 Zyl. Diesel, Reihe, OM 366 A, Direkteinspritzung, Turbolader, Wasserkühlung
Hubraum:	5958 ccm
B x H:	97,5 x 133 mm
Leistung:	156 PS (115 kW) bei 2400
Antrieb:	Allrad; Vorderräder zuschaltbar
Getriebe:	8 V, 8 R, Synchron-Getriebe, Differenzialsperren vorn/hinten
Bremsen:	Zweikreis-Scheibenbremsen
Lenkung:	hydraulische Servolenkung
Höchstgeschw.:	89 km/h; Kriechgeschw. 0,16 km/h
Leergewicht:	5260 kg
Zul. Gesamtgew.:	10000 kg – 10700 kg
Reifen:	315 / 80 R 22,5
Radstand:	2650 mm
Spurweite:	1650 mm
Ladefläche:	1950 x 1890 x 400 mm
L x B x H:	4470 x 2170 x 2655 mm
Anmerkungen:	mit 214 PS als U 1600 (214)

Mercedes-Benz Unimog 427

Als wirtschaftliche Arbeitsmaschine ist der Unimog aus den Fuhrparks von Städten, Gemeinden und Straßenverwaltungen nicht mehr wegzudenken. Manche Aufgaben wie zum Beispiel die Straßenreinigung in Wohngebieten sind schon in den frühen Morgenstunden oder sogar nachts zu erledigen. Aus diesem Grund wurde speziell für die Unimog-Baureihe 427 und 437 ein Geräuschdämmpaket entwickelt, mit dem das Geräuschniveau auf 78 dB(A) reduziert werden konnte. Der lange Radstand (3250 mm) des Unimog U 1650 ergab viel Raum für eine große Ladepritsche. Als Fahrgestell eignete er sich besonders für Schnellwechsel-Kehrmaschinen. Mit einer Hinterachs-Zusatz-

Baureihe:	Unimog 427
Modell/Typ:	U 1650 Kommunal
Bauzeit:	1988–
Motor:	6 Zyl. Diesel, Reihe, OM 366 A, Direkteinspritzung, Turbolader, Wasserkühlung
Hubraum:	5958 ccm
B x H:	97,5 x 133 mm
Leistung:	156 PS (115 kW) bei 2400
Antrieb:	Allrad; Vorderräder zuschaltbar
Getriebe:	8 V, 8 R, Synchron-Getriebe, Differenzialsperren vorn/hinten
Bremsen:	Zweikreis-Scheibenbremsen
Lenkung:	hydraulische Servolenkung
Höchstgeschw.:	89 km/h; Kriechgeschw. 0,16 km/h
Leergewicht:	5600 kg
Zul. Gesamtgew.:	10.000 kg
Reifen:	12R22,5
Radstand:	3250 mm
Spurweite:	1650 mm
Ladefläche:	2320 (2800) x 1950 x 380 mm
L x B x H:	5100 (5320) x 2100 x 2620 mm
Anmerkungen:	Listenpreis 1991: DM 116.520,–

lenkung ausgestattet, wurde der U 1650 zum Allradlenker. So war es dem Kommunal-Unimog möglich, enge Kurven in verkehrsberuhigter Ortslage und jede Art von Hindernissen problemlos zu bewältigen. Zusätzlich zu den umweltfreundlichen LEV-Motoren stand auf Wunsch auch der Vollstrom-Partikelfilter mit thermischer Regeneration zur Verfügung, mit dem die Abgaswerte noch weiter reduziert werden konnten.

Mercedes-Benz Unimog 427

Die Waldbrandbekämpfung ist zum wichtigsten Argument für den Unimog in Frankreich geworden. Für viele französische Fahrzeuge typisch ist der weiß lackierte Überrollbügel und das Astschutzgestänge am Fahrerhaus, in das oftmals Spritzdüsen zum Selbstschutz gegen Hitzestrahlung eingebaut sind. Mit Allradantrieb, Differenzialsperren in beiden Achsen, Einzelbereifung, Reifendruckregelanlage und mit einer Hinterachs-Zusatzlenkung ausgestattet, kommt die besondere Geländegängigkeit des Unimog U 1650 L nicht nur in der engen Innenstadt, sondern vor allem im Wald voll zur Geltung, wenn es über Wurzeln und Geäst, über Baumstümpfe und über sandige Bodenverhältnisse zum Einsatzort geht. Je nach Einsatzart und Aufbaukonzept beträgt die Kapazität der Wassertanks zwischen 1000 und 6000 Liter, die Pumpenleistung beträgt 1500 L/min bei 15 bar.

Baureihe:	Unimog 427
Modell/Typ:	U 1650 L Feuerwehr
Bauzeit:	1988 – 2000
Motor:	6 Zyl. Diesel, Reihe, OM 366 A, Direkteinspritzung, Turbolader, Wasserkühlung
Hubraum:	5958 ccm
B x H:	97,5 x 133 mm
Leistung:	156 PS (115 kW) bei 2400
Antrieb:	Allrad; Vorderräder zuschaltbar
Getriebe:	8 V, 8 R, Synchron-Getriebe, Differenzialsperren vorn/hinten
Bremsen:	Zweikreis-Scheibenbremsen
Lenkung:	hydraulische Servolenkung
Höchstgeschw.:	83 km/h; Kriechgeschw. 0,16 km/h
Leergewicht:	4200 kg
Zul. Gesamtgew.:	10000 kg
Reifen:	12R22,5
Radstand:	3250 mm
Spurweite:	1650 mm
Aufbaulänge:	3250 mm
L x B x H:	5150 x 2170 x 2655 mm

Mercedes-Benz Unimog 427

Als Basis für maßgeschneiderte Problemlösungen zur wirtschaftlichen Bewältigung der vielfältigsten Transportaufgaben ist der Unimog-Triebkopf mittlerweile unentbehrlich geworden. Sei es beim innerbetrieblichen Transport von Schwerlasten, als 6 x 4 oder 6 x 6 geländegängiges Sonderfahrzeug mit besonders hohen Nutzlasten oder als Spezialfahrzeug für den Einsatz unter Tage. Serienmäßig mit Antriebsflansch für den Hinterachsantrieb ausgestattet, kann der Unimog-Triebkopf zur wendigen und schnellen 4 x 4 Sattelzugmaschine umgerüstet werden. Mit hydraulischer, höhenverstellbarer Sattelkupplung und Aufliegerlasten bis 20 Tonnen wird der Unimog als Sattelzugmaschine bei Transportaufgaben in Containerterminals im Ro-Ro-Verkehr weltweit eingesetzt.

Baureihe:	Unimog 427
Modell/Typ:	U 1400 T Triebkopf
Bauzeit:	1994–
Motor:	6 Zyl. Diesel, Reihe, OM 366 A, Direkteinspritzung, Turbolader, Wasserkühlung
Hubraum:	5958 ccm
B x H:	97,5 x 133 mm
Leistung:	136 PS (100 kW) bei 2400
Antrieb:	Vorderräder
Getriebe:	8 V, 8 R, Synchron-Getriebe, Differenzialsperre vorn
Bremsen:	Scheibenbremsen, ABS (Wunsch)
Lenkung:	hydraulische Servolenkung
Höchstgeschw.:	85 km/h; Kriechgeschw. 6,5 km/h
Leergewicht:	2980 kg
Zul. Gesamtgew.:	12.000 kg – 14.000 kg
Reifen:	12,5R20
Spurweite v.:	1735 mm
L x B x H:	2750 x 2160 x 2620 mm
Anmerkungen:	Listenpreis 1995: DM 97.870,–

Mercedes-Benz Unimog 437

Populär wurde der Unimog durch zahlreiche Safaris und Expeditionen in die entlegensten Winkel der Erde. Forschungsreisende und Spezialreise-Unternehmen wählten den Unimog mit seinem leistungsfähigen Allradantrieb. Sie schlossen so Risiken von vornherein aus und hatten die Gewähr für problemloses Durchkommen selbst auf unwegsamstem Terrain. Das Expeditionsfahrzeug, aufgebaut auf dem Unimog-Fahrgestell U 1550 L der schweren Baureihe 437, hatte einen stabilen Aufbau aus glasfaserverstärktem Kunststoff und verfügte über eine komfortable und komplette Ausstattung wie ein Reisemobil. Bis zu 550 Liter Treibstoffvorrat sowie Tanks für max. 400 Liter Frischwasser machten dieses Reisemobil für lange Zeit unabhängig und verlieh ihm eine große Reichweite. Der Spezialaufbau wurde zum Selbstausbau, aber auch gemäß den individuellen Wünschen und Reisezielen komplett eingerichtet geliefert. Ab 1990 gab es den U 1550 L auch mit dem 214 PS starken OM 366 LA.

Baureihe:	Unimog 437
Modell/Typ:	U 1550 L Expeditionsfahrzeug
Bauzeit:	1988 –
Motor:	6 Zyl. Diesel, Reihe, OM 366 A, Direkteinspritzung, Turbolader
Hubraum:	5958 ccm
B x H:	97,5 x 133 mm
Leistung:	156 PS (115 kW) bei 2400
Antrieb:	Allrad; Vorderräder zuschaltbar
Getriebe:	8 V, 8 R, Synchron-Getriebe, Differenzialsperren vorn/hinten
Bremsen:	Scheiben, ABS (Wunsch)
Lenkung:	hydraulische Servolenkung
Höchstgeschw.:	89 km/h
Zul. Gesamtgew.:	7500 kg – 9500 kg
Reifen:	12,5-/R 20; 14,5 R 20 (Wunsch)
Radstand:	3250 mm
Spurweite:	1860 mm
Aufbaulänge:	3250 mm
L x B x H:	5110 x 2300 x 2650 mm
Anmerkungen:	U 1550 L/37 Radstand 3700 mm, auch als U 1350 L mit 136 PS

Mercedes-Benz Unimog 437

Baureihe:	Unimog 437
Modell/Typ:	U 1550 L (4 x 4) Militär
Bauzeit:	1988 –
Motor:	6 Zyl. Diesel, Reihe, OM 366 A, Direkteinspritzung, Turbolader
Hubraum:	5958 ccm
B x H:	97,5 x 133 mm
Leistung:	156 PS (115 kW) bei 2400
Antrieb:	Allrad; Vorderräder zuschaltbar
Getriebe:	8 V, 8 R, Synchron-Getriebe, Differenzialsperren vorn/hinten
Bremsen:	Scheiben, ABS (Wunsch)
Lenkung:	hydraulische Servolenkung
Höchstgeschw.:	83 km/h; Kriechgeschw. 0,16 km/h
Leergewicht:	5000 kg
Zul. Gesamtgew.:	7500 kg – 8500 kg
Reifen:	12,5 R 20; 14,5 R 20 (Wunsch)
Radstand:	3250 mm
Spurweite:	1927 mm
L x B x H:	5540 x 2300 x 2630 mm
Anmerkungen:	ab 1993: U 1550 L/38; U 1550 L/45

Der Unimog 1550 L (4x4) erweist sich im weltweiten Militäreinsatz als ein extrem geländegängiges und wirtschaftliches Fahrzeug für den Transport von Mannschaft und Material. Für die nötige Motorleistung sorgt der robuste, umweltfreundliche 6-Zylinder-Dieselmotor OM 366 A von Mercedes-Benz, der im 1550 L ab 1990, als weitere Leistungsvariante, mit Ladeluftkühler (OM 366 LA) und mit 214 PS (157 kW) angeboten wurde. Auf Wunsch auch mit 240 PS (177 kW). Auch gibt es den 1550 L mit langem Radstand von 3700 mm als U 1550 L/37 (4x4). Mit entsprechenden Aufbauten ausgerüstet, kann der Unimog als Funk-, Sanitäts-, Feuerwehr- und Werkstattfahrzeug eingesetzt werden. Als Pionierfahrzeug mit Anbaugeräten wie Bagger, Lader, Erdschieber, Seilwinden, Kompressoren, Stromerzeugern, Pumpen und hydraulischen Werkzeugen sowie Geräten für den Winterdienst. Das technische Konzept des Unimog mit seinen kurzen Überbauten ergeben günstige Böschungswinkel vorn und hinten, die zusammen mit einem niedrigen Fahrzeugschwerpunkt und einem günstigen Rampenwinkel den Unimog zu einem überzeugenden, universell einsetzbaren Fahrzeug machen, das in jedem Gelände seine Aufgaben erfüllt.

Mercedes-Benz Unimog 437

Zu Beginn des fünften Unimog-Jahrzehnts, im Frühjahr 1988, wurde die Erweiterung und Modernisierung des gesamten Unimog-Programms mit der Markteinführung der »schweren« Baureihe 437 abgeschlossen. Somit bestand die neue Unimog-Familie aus nunmehr vier Baureihen, aufgegliedert in weitere vier Modellgruppen. Mit diesem Strukturwandel gestaltete sich das Unimog-Programm übersichtlicher, das auch gleichzeitig die alten, zum Teil seit 1969 gebauten Baureihen 421, 403, 406, 413, 416, 424, 425 und 435 ablöste. Mit einer Leistung von 170 PS war der U 1700 A ein starkes Zug- und Transportfahrzeug für schwerste Anhängelasten. Aber auch beim Ausbringen des Saatgutes mit Frontgrubbern empfahl sich der Allradtraktor dank Terrabereifung für einen pflanzen- und bodenschonenden Einsatz. Ab 1989 erleichterten eine Reihe von Sonderausrüstungen wie der Bordcomputer »Unicomp«, die elektronische Hubwerksregelung (EHR) »terramatic« oder die Reifendruckregelanlage »tirecontrol« die Arbeit auf dem Feld zusätzlich.

Baureihe:	Unimog 437
Modell/Typ:	U 1700 A Agrar
Bauzeit:	1988–1994
Motor:	6 Zyl. Diesel, Reihe, OM 366 A, Direkteinspritzung, Turbolader, Wasserkühlung
Hubraum:	5958 ccm
B x H:	97,5 x 133 mm
Leistung:	170 PS (125 kW) bei 2600
Antrieb:	Allrad; Vorderräder zuschaltbar
Getriebe:	8 V, 8 R, Synchron-Getriebe, Differenzialsperren vorn/hinten
Bremsen:	Zweikreis-Scheibenbremsen
Lenkung:	hydraulische Servolenkung
Höchstgeschw.:	90 km/h; Kriechgeschw. 0,16 km/h
Leergewicht:	5940 kg
Zul. Gesamtgew.:	10.600 kg–12.500 kg
Reifen:	13R22,5
Radstand:	2810 mm
Spurweite:	1920 mm
Ladefläche:	2320 x 2140 x 450 mm
L x B x H:	4750 x 2340 x 2750 mm
Anmerkungen:	Listenpreis 1991: DM 116.750,–

Mercedes-Benz Unimog 437

Ob als Zugmaschine für den Baumaschinentransport oder als selbstfahrende Arbeitsmaschine, die Konzeption des Unimog ermöglicht eine perfekte Anpassung an den Einsatzzweck. Speziell für den Einsatz beim Filtersandaustausch in einem Filterbecken der Gelsenwasser, wurde beim U 1700 statt der hinteren Bordwand eine Schüttklappe angebaut. Vorteilhaft ist auch die großvolumige Sandbereifung für geringe Bodendrücke. Sie entsprach der großen Spanne der möglichen Fahrgeschwindigkeiten, die von 80 Meter pro Stunde im sandigen Filterbecken bis zum wirtschaftlichen und schnellen Transport zur Abladestelle mit fast 100 km/h, reicht. Auch der U 1700 der schweren Unimog-Baureihe 437 (sie machte rund 70 Prozent der Produktion aus) ist kontinuierlich modernisiert worden. Das Cockpit ähnelte in vielen Punkten der kleinen Wörther Lkw-Reihe. Das hieß, ordentlicher Komfort für den Fahrer.

Baureihe:	Unimog 437
Modell/Typ:	U 1700 Baugewerbe
Bauzeit:	1988 – 1994
Motor:	6 Zyl. Diesel, Reihe, OM 366 A, Direkteinspritzung, Turbolader, Wasserkühlung
Hubraum:	5958 ccm
B x H:	97,5 x 133 mm
Leistung:	170 PS (125 kW) bei 2600
Antrieb:	Allrad; Vorderräder zuschaltbar
Getriebe:	8 V, 8 R, Synchron-Getriebe, Differenzialsperren vorn/hinten
Bremsen:	Zweikreis-Scheibenbremsen
Lenkung:	hydraulische Servolenkung
Höchstgeschw.:	90 km/h; Kriechgeschw. 0,16 km/h
Leergewicht:	5940 kg
Zul. Gesamtgew.:	10.600 kg – 12.500 kg
Reifen:	13R22,5
Radstand:	2810 mm
Spurweite:	1920 mm
Ladefläche:	2320 x 2140 x 450 mm
L x B x H:	4750 x 2340 x 2750 mm

Mercedes-Benz Unimog 437

Baureihe:	Unimog 437
Modell/Typ:	U 1700 T Triebkopf
Bauzeit:	1988–1992
Motor:	6 Zyl. Diesel, Reihe, OM 366 A, Direkteinspritzung, Turbolader, Wasserkühlung
Hubraum:	5958 ccm
B x H:	97,5 x 133 mm
Leistung:	170 PS (125 kW) bei 2600
Antrieb:	Vorderräder
Getriebe:	8 V, 8 R, Synchron-Getriebe, Differenzialsperre vorn
Bremsen:	Zweikreis-Scheibenbremsen
Lenkung:	hydraulische Servolenkung
Höchstgeschw.:	90 km/h; Kriechgeschw. 0,16 km/h
Leergewicht:	3480 kg
Zul. Gesamtgew.:	9000 kg
Reifen:	13 R 22,5
Spurweite:	1920 mm
L x B x H:	2730 x 2340 x 2650 mm
Anmerkungen:	Listenpreis 1991: DM 95.330,– U 1800 T von 1992–1993

Triebkopf-Lösungen sind eine Unimog-Variante mit hoher Effektivität. Mit der serienmäßig angetriebenen, starken Vorderachse mit Differenzialsperre bietet die im Fahrerhaus integrierte Hydraulikanlage des Triebkopfes eine leistungsfähige Basis für Anbauten. Beispielsweise als autobahnfähiges Fahrzeug zur Boden-Stabilisierung mit angetriebener Hinterachse als Bindemittelverteiler. Um Kalk oder andere Bindemittel zur Einarbeitung in den Boden aufzubringen, sind Aufbauten mit großem Fassungsvermögen, wie etwa ein elf Kubikmeter fassender Silo, und gleichzeitig ein leistungsfähiger Hydraulik-Antrieb für die Ausbringungsvorrichtung notwendig. Voraussetzungen, die auf den 170 PS starken U 1700 T zugeschnitten sind, der, nicht nur allein durch die Ein-Mann-Bedienung, sondern darüber hinaus noch durch seine hohe Transportgeschwindigkeiten auch als Spezialmaschine wirtschaftlich eingesetzt werden konnte. Der U 1700 T wurde von dem U 1800 T abgelöst, der nun 180 PS leistete und von 1992–1993 im Unimog-Programm geführt wurde.

Mercedes-Benz Unimog 437

Als der U 1750 im Jahre 1988 neu auf dem Markt eingeführt wurde, war auch er als leistungsstärkste Variante der schweren Unimog-Baureihe 437 mit dem neu entwickelten Motorenprogramm ausgerüstet, das auf ein höheres Leistungsangebot, ein besseres Drehmomentverhalten und auf eine Verminderung des Kraftstoffverbrauches bei günstigeren Abgaswerten ausgerichtet war. 170 PS stark, war der hochgeländegängige U 1750 eine universelle Zug- und Arbeitsmaschine für den Kommunal-Einsatz, wo er vom Frühjahr bis zum Herbst z. B. in der Straßen- und Parkplatzreinigung, in der Hecken- und Baumpflege, oder im Garten- und Landschaftsbau eingesetzt werden konnte. Beim ersten Schneefall ließ er sich schnell und problemlos mit Schneepflug oder Schneefräse zum Räumfahrzeug umrüsten. Der Unimog avancierte in den kommunalen Fuhrparks zum zuverlässigen Mitarbeiter im Öffentlichen Dienst, denn sein Konzept trug dazu bei, schwierige, für die Bevölkerung dringend notwendige Dienstleistungen wirtschaftlich zu erfüllen.

Baureihe:	Unimog 437
Modell/Typ:	U 1750 Kommunal
Bauzeit:	1988–1994
Motor:	6 Zyl. Diesel, Reihe, OM 366 A, Direkteinspritzung, Turbolader, Wasserkühlung
Hubraum:	5958 ccm
B x H:	97,5 x 133 mm
Leistung:	170 PS (125 kW) bei 2600
Antrieb:	Allrad; Vorderräder zuschaltbar
Getriebe:	8 V, 8 R, Synchron-Getriebe, Differenzialsperren vorn/hinten
Bremsen:	Zweikreis-Scheibenbremsen
Lenkung:	hydraulische Servolenkung
Höchstgeschw.:	90 km/h; Kriechgeschw. 0,16 km/h
Leergewicht:	6480 kg
Zul. Gesamtgew.:	10.600 kg
Reifen:	13,00R20
Radstand:	3250 mm
Spurweite:	1920 mm
Ladefläche:	3000 x 2200 x 500 mm
L x B x H:	5210 x 2340 x 2750 mm
Anmerkungen:	als U 1850 mit 180 PS (1992–93)

Mercedes-Benz Unimog 437

Auch in den 90er Jahren war der Unimog-Allradtraktor auf Grund seiner Konzeption wie auch seiner leistungsstarken Technik prädestiniert für die moderne Landwirtschaft. So beispielsweise in landwirtschaftlichen Betrieben mit großen Wirtschaftsflächen oder bei Maschinenringen und Lohnunternehmen, bei denen hohe Schlagkraft und beste Geräteträgereigenschaften ebenso gefragt waren wie die schnelle Versetzbarkeit von Einsatzort zu Einsatzort. Mit einem 6000 Liter fassenden Aufbautank der Firma Zunhammer und mit großvolumigen Terra-Reifen ausgerüstet, war der U 1750 eine ideale Kombination für den Einsatz in der großflächigen Ausbringung von Gülle bzw. Flüssigdünger. Die Ausbringung erfolgte über einen Prallkopfverteiler am Heck. Zur Entnahme am Gülle-Lagerort war beim U 1750 frontseitig eine Ansaugpumpe mit einer Leistung von 2730 Liter pro Minute angebaut.

Baureihe:	Unimog 437
Modell/Typ:	U 1750 Agrar
Bauzeit:	1988–1994
Motor:	6 Zyl. Diesel, Reihe, OM 366 A, Direkteinspritzung, Turbolader, Wasserkühlung
Hubraum:	5958 ccm
B x H:	97,5 x 133 mm

Leistung:	170 PS (125 kW) bei 2600	**Leergewicht:**	6480 kg
Antrieb:	Allrad; Vorderräder zuschaltbar	**Zul. Gesamtgew.:**	10.600 kg
Getriebe:	8 V, 8 R, Synchron-Getriebe, Differenzialsperren vorn/hinten	**Reifen:**	13,00R20
		Radstand:	3250 mm
Bremsen:	Zweikreis-Scheibenbremsen	**Spurweite:**	1920 mm
Lenkung:	hydraulische Servolenkung	**Ladefläche:**	3000 x 2200 x 500 mm
Höchstgeschw.:	90 km/h; Kriechgeschw. 0,12 km/h	**L x B x H:**	5210 x 2340 x 2750 mm

Mercedes-Benz Unimog 437

Der U 1750 L, ausgerüstet mit Arbeitsbühne und Werkstattaufbau, wird in der Stromversorgung und Energiewirtschaft als mobiles Servicesystem sowohl für den Materialtransport in schwierigem Gelände als auch zur Reparatur, zur Wartung und zur Instandhaltung der Hochspannungs- und Oberleitungen eingesetzt. Beim Aufbau eines kompakten Mobilkranes bleiben die kurze Fahrzeuglänge und die günstigen Abmessungen des Unimog erhalten. Mit konzeptionell vorgesehenen Antriebssystemen verfügt der U 1750 L über einen schnellen Nebenabtrieb für die Kranhydraulik und zusätzliche mechanische Zapfwellenanschlüsse vorn, in der Mitte und hinten. Eine Erweiterung der Einsatzmöglichkeiten und eine noch höhere Auslastung des Kranfahrzeuges bietet der Hubarbeitskorb mit Fernsteuerung. Damit steuert der Kranführer direkt am Arbeitsort, ob inner- oder außerhalb des Korbes, und erreicht so ein Höchstmaß an Sicherheit, Arbeitsqualität und Bequemlichkeit.

Baureihe:	Unimog 437
Modell/Typ:	U 1750 L Energiewirtschaft
Bauzeit:	1988 – 1994
Motor:	6 Zyl. Diesel, Reihe, OM 366 A, Direkteinspritzung, Turbolader, Wasserkühlung
Hubraum:	5958 ccm
B x H:	97,5 x 133 mm
Leistung:	170 PS (125 kW) bei 2600
Antrieb:	Allrad; Vorderräder zuschaltbar
Getriebe:	8 V, 8 R, Synchron-Getriebe, Differenzialsperren vorn/hinten
Bremsen:	Zweikreis-Scheibenbremsen
Lenkung:	hydraulische Servolenkung
Höchstgeschw.:	90 km/h; Kriechgeschw. 0,16 km/h
Leergewicht:	5280 kg
Zul. Gesamtgew.:	10.600 kg
Reifen:	13R22,5
Radstand:	3250 mm; 3850 mm (U 1750L/38)
Spurweite:	1920 mm
Aufbaulänge:	3250 mm, 4080 mm max.
L x B x H:	5150 (6170) x 2340 x 2650 mm
Anmerkungen:	Produktion 739 Exemplare, als U 1850 L mit 180 PS (1992 – 93)

Mercedes-Benz Unimog 437

Baureihe:	Unimog 437
Modell/Typ:	U 2100/U 2400 Agrar
Bauzeit:	1989–
Motor:	6 Zyl. Diesel, Reihe, OM 366 LA, Direkteinspritzung, Turbolader mit Ladeluftkühlung, Wasserkühlung
Hubraum:	5958 ccm
B x H:	97,5 x 133 mm
Leistung:	214 PS (157 kW) bei 2600
Antrieb:	Allrad; Vorderräder zuschaltbar
Getriebe:	8 V, 8 R, Synchron-Getriebe, Differenzialsperren vorn/hinten
Bremsen:	Zweikreis-Scheibenbremsen
Lenkung:	hydraulische Servolenkung
Höchstgeschw.:	90 km/h; Kriechgeschw. 0,16 km/h
Leergewicht:	5690 kg
Zul. Gesamtgew.:	10.600 kg–12.500 kg
Reifen:	13 R 22,5
Radstand:	2810 mm
Spurweite:	1920 mm
Ladefläche:	2320 x 2140 x 450 mm
L x B x H:	4750 x 2340 x 2850 mm

Mit dem auf der Baumaschinenmesse bauma 1989 vorgestellten U 2100 überschritt ein Unimog im Serienbau erstmals die 200 PS-Grenze. Der ladeluftgekühlte Turbomotor OM 366 LA, der sich in Mercedes-Benz-Lastwagen bewährt hatte, erhöhte jetzt die Leistung auf stolze 214 PS. Das Antriebsaggregat war kombiniert mit dem neu entwickelten Unimog-Getriebe UG 3/65, das sich dank seiner Außensynchronisierung weich und mit geringem Kraftaufwand schalten ließ. Die neue Schrägverzahnung trug zu einer hohen Laufruhe bei. Als Zusatzausrüstung gibt es für den U 2100 einen hydrostatischen Fahrantrieb, der einen stufenlosen Fahrbetrieb für Geschwindigkeiten bis zu 25 km/h ermöglicht. Vor allem im kombinierten Landwirtschafts- und Kommunaleinsatz kommen diese Vorteile voll zur Geltung. Ob Zuckerrüben zur Fabrik transportiert oder ein schwerer Ladewagen gezogen werden muss – die hohen Anhängelasten des U 2100 von bis zu 30 Tonnen machen es möglich. Einen deutlichen Leistungszuwachs auf nunmehr 240 PS (177 kW) erfuhr er ab 1992 als U 2400, wo er besonders auf den Großflächen der Agrarproduktionsgesellschaften als Zugmaschine seine Vielseitigkeit unter Beweis stellen kann.

Mercedes-Benz Unimog 437

Besonders für die schweren Aufgaben in der Bau- und Baustoffwirtschaft empfahl sich der auf der bauma 1989 erstmals der Öffentlichkeit vorgestellte U 2150 mit seinem langen Radstand von 3250 mm. Die 214 PS starke Zug- und Arbeitsmaschine bot die hohe Antriebsleistung, wie sie auf dem Gebiet mobiler Erd-, Lade- und Grabarbeiten mit Frontlader, Bagger und Kranaufbauten benötigt wurde; im schweren Anhängerbetrieb wurden mit dem neuen Modell höhere Fahrleistungen möglich. Der hinter der Fahrerkabine montierte Ladekran war auch als Wechselaufbau zu haben. Der U 2150 erweiterte die schwere Unimog-Baureihe 437 nach oben und erlaubte mit seinen Achslasten von bis zu acht Tonnen den Einsatz schwerer, zapfwellengetriebener Arbeitsgeräte bis zu einem zulässigen Fahrzeug-Gesamtgewicht von 12.000 kg. Trotz dieser enormen Leistung zeichnete sich der U 2150, wie auch alle anderen der neuen Unimog-Generation, durch die familientypischen Charaktereigenschaften, wie lange Lebensdauer, günstigen Kraftstoffverbrauch, relativ geringes Gewicht und kompakte Abmessungen aus.

Baureihe:	Unimog 437
Modell/Typ:	U 2150 Baugewerbe
Bauzeit:	1989 –
Motor:	6 Zyl. Diesel, Reihe, OM 366 LA, Direkteinspritzung, Turbolader mit Ladeluftkühlung, Wasserkühlung
Hubraum:	5958 ccm
B x H:	97,5 x 133 mm
Leistung:	214 PS (157 kW) bei 2600
Antrieb:	Allrad; Vorderräder zuschaltbar
Getriebe:	8 V, 8 R, Synchron-Getriebe, Differenzialsperren vorn/hinten
Bremsen:	Zweikreis-Scheibenbremsen
Lenkung:	hydraulische Servolenkung
Höchstgeschw.:	90 km/h; Kriechgeschw. 0,16 km/h
Leergewicht:	5680 kg
Zul. Gesamtgew.:	10.600 kg – 12.000 kg
Reifen:	13 R 22,5
Radstand:	3250 mm
Spurweite:	1920 mm
Ladefläche:	2550 x 2200 x 500 mm
L x B x H:	5210 x 2340 x 2750 mm

Mercedes-Benz Unimog 437

Sein geniales Konzept prädestiniert den Unimog zum Einsatz bei Feuerwehren rund um den Globus. In Deutschland meistens mit Aufbauten von Metz und Ziegler ausgestattet, gleicht praktisch kein Unimog dem anderen: Jede Wehr hat ein anderes Anforderungsprofil. So gibt es den Unimog als vielseitiges Tanklöschfahrzeug mit einem mitgeführten Wasservorrat von bis zu 6000 Liter, als Rüstwagen mit Krananlage für den technischen Einsatz oder als Waldbrandlöschfahrzeug. Weit verbreitet ist er auch als schnelles RIV-Fahrzeug (Rapid Intervention Vehicle), das bereits vor Großlöschfahrzeugen an der Unfallstelle einzutreffen hat, um Rettungsmaßnahmen einzuleiten. Und gerade in Sachen Schnelligkeit hat der U 2150 L eine Menge zu bieten, der es mit seinem 211 PS starken Turbodiesel auf eine Beschleunigung von 0 auf 80 km/h in weniger als 25 Sekunden bringt. Vor allem auf regionalen Verkehrsflughäfen als Standardlöschfahrzeug wie auch in der Industrie als kompaktes und wendiges Trockenlöschfahrzeug kommt er zum Einsatz, wobei er dann 1200 Liter Wasser-Schaummittel-Gemisch und 500 kg Löschpulver mitführt. Der entsprechende Werfer ist auf dem Fahrerhaus montiert.

Baureihe:	Unimog 437
Modell/Typ:	U 2150 L Feuerwehr
Bauzeit:	1989–
Motor:	6 Zyl. Diesel, Reihe, OM 366 LA, Direkteinspritzung, Turbolader mit Ladeluftkühlung, Wasserkühlung
Hubraum:	5958 ccm
B x H:	97,5 x 133 mm
Leistung:	211 PS (155 kW) bei 2400
Antrieb:	Allrad; Vorderräder zuschaltbar
Getriebe:	8 V, 8 R, Synchron-Getriebe, Differenzialsperren vorn/hinten
Bremsen:	Scheibenbremsen, ABS (Wunsch)
Lenkung:	hydraulische Servolenkung
Höchstgeschw.:	90 km/h; Kriechgeschw. 0,16 km/h
Leergewicht:	4810 kg, 5070 kg (Fahrgestell)
Zul. Gesamtgew.:	10.600 kg–14.000 kg
Reifen:	13 R 22,5; 365/85R20
Radstand:	3250 mm, 3850 mm: U 2150L/38
Spurweite:	1920 mm
Aufbaulänge:	3250 mm, (4080 mm)
L x B x H:	5150 (6190) x 2340 x 2850 mm

Mercedes-Benz Unimog 437

Sein hohes Leistungsgewicht von 17 PS/t macht den Unimog U 2150 L/38 (4x4) zum idealen Universalfahrzeug auch im weltweiten Militäreinsatz: Beim 211 PS starken Unimog U 2150L/38 (der auch mit 240 PS lieferbar ist) sind Pritsche und Kofferaufbauten über Bodengruppen auf dem Fahrgestell verwindungsfrei gelagert. Dadurch werden auch in schwierigem Gelände keine Beanspruchungen auf die Pritsche oder den Aufbau übertragen. Das Ganzstahl Kurzhauben-Fahrerhaus, hochstellbar und mit bequemem Einstieg, ist in drei Punkten gelagert und bietet der Fahrzeugbesatzung hohe Sicherheit. Komfortabel ist der Fahrersitz und die auf Wunsch zweisitzige, abklappbare Beifahrersitzbank dient als Standfläche für die Dachluke. Sämtliche Aggregate sind staub-, schlamm- und wassergeschützt. Mit einer Watfähigkeit von 1,20 m kann der U 2150L/38 problemlos Gewässer durchfahren. Seine Geländegängigkeit unterstützen die Portalachsen und der Allradantrieb mit Differenzialsperren, die während der Fahrt pneumatisch zu- und abschaltbar sind.

Baureihe:	Unimog 437
Modell/Typ:	U 2150 L/38 (4 x 4) Militär
Bauzeit:	1989–
Motor:	6 Zyl. Diesel, Reihe, OM 366 LA, Direkteinspritzung, Turbolader mit Ladeluftkühlung, Wasserkühlung
Hubraum:	5958 ccm
B x H:	97,5 x 133 mm
Leistung:	211 PS (155 kW) bei 2400 bzw. 240 PS (177 kW) bei 2600
Antrieb:	Allrad; Vorderräder zuschaltbar
Getriebe:	8 V, 8 R, Synchron-Getriebe, Differenzialsperren vorn/hinten
Bremsen:	Zweikreis-Scheibenbremsen
Lenkung:	hydraulische Servolenkung
Höchstgeschw.:	84 km/h; Kriechgeschw. 0,16 km/h
Leergewicht:	7000 kg
Zul. Gesamtgew.:	12.500 kg – 14.000 kg
Reifen:	13 R 22,5
Radstand:	3850 mm
Spurweite:	1920 mm
Ladefläche:	4250 x 2375 x 500 mm
L x B x H:	6670 x 2500 x 2830 mm

Mercedes-Benz Unimog 437

Modifiziert und weiter entwickelt, erhielt die schwere Baureihe 437 ab 1992 nochmals mehr Leistung. So auch der U 1800, der mit 180 PS den seitherigen U 1700 (170 PS) ergänzte. Sein Einsatzgebiet waren die Fuhrparks der Behörden, Kommunen, Zweckverbände und Lohnunternehmen, die den U 1800 in der Landschaftspflege als Zug- und Arbeitsgerät ganzjährig einsetzten – ein Aspekt, dem im Zuge der Bemühungen, die heimische Tier- und Pflanzenwelt zu schützen, ein immer höherer Stellenwert zukam. Der U 1800 zeichnete sich in allen Bereichen dieser Landschaftspflege durch eine große Vielseitigkeit aus: Mit dem Doppelmesser-Frontmähwerk bei der Pflege von Wiesen, Feuchtflächen und Magerrasen, mit Bagger und Grabenräumlöffel bei der Freihaltung und Räumung wasserführender Gräben oder mit den vielfältigen Anbaugeräten bei der Pflege von Hecken- und Feldgehölz, sowie bei der Baum- und Strauchpflege, wo mit dem zapfwellengetriebenen Holzhäcksler das anfallende Schnittmaterial an Ort und Stelle gehäckselt und zur

Baureihe:	Unimog 437
Modell/Typ:	U 1800
Bauzeit:	1992 – 1994
Motor:	6 Zyl. Diesel, Reihe, OM 366 LA, Direkteinspritzung, Turbolader mit Ladeluftkühlung, Wasserkühlung
Hubraum:	5958 ccm
B x H:	97,5 x 133 mm
Leistung:	180 PS (132 kW) bei 2400
Antrieb:	Allrad; Vorderräder zuschaltbar
Getriebe:	8 V, 8 R, Synchron-Getriebe, Differenzialsperren vorn/hinten
Bremsen:	Zweikreis-Scheibenbremsen
Lenkung:	hydraulische Servolenkung
Höchstgeschw.:	69 km/h; Kriechgeschw. 0,16 km/h
Leergewicht:	5460 kg
Zul. Gesamtgew.:	10.600 kg
Reifen:	13 R 22,5
Radstand:	2810 mm
Spurweite:	1920 mm
Ladefläche:	2320 x 2140 x 450 mm
L x B x H:	4750 x 2340 x 2850 mm

Kompostierung sowie als Bodenabdeckung für Gehölzpflanzungen somit gleich in den Naturkreislauf zurückgeführt werden kann.

Mercedes-Benz Unimog 437

Baureihe:	Unimog 437
Modell/Typ:	U 2100 T Triebkopf
Bauzeit:	1993 – 2000
Motor:	6 Zyl. Diesel, Reihe, OM 366 LA, Direkteinspritzung, Turbolader mit Ladeluftkühlung, Wasserkühlung
Hubraum:	5958 ccm
B x H:	97,5 x 133 mm
Leistung:	211 PS (155 kW) bei 2400
Antrieb:	Vorderräder
Getriebe:	8 V, 8 R, Synchron-Getriebe, Differenzialsperre vorn
Bremsen:	Zweikreis-Scheibenbremsen
Lenkung:	hydraulische Servolenkung
Höchstgeschw.:	82 km/h; Kriechgeschw. 0,16 km/h
Leergewicht:	3500 kg
Zul. Gesamtgew.:	12.000 kg – 16.000 kg
Reifen:	13 R 22,5
Spurweite:	1920 mm
L x B x H:	2730 x 2340 x 2850 mm

Innerhalb des Unimog Triebkopf-Angebots der schweren Unimog-Baureihe 437 gab es 1992 mit dem U 2100 T (der den U 1800 T ablöste) eine letzte Modelländerung. Nun verfügte der Unimog für Spezialtransportaufgaben über eine Leistung von 211 PS und über ein fein abgestuftes Getriebe für Geschwindigkeiten von Schritttempo bis zu 90 km/h, je nach Achsübersetzung und Bereifungsgröße. Bei der Rationalisierung des Güter- und Warenverkehrs zeichnete sich der Unimog-Triebkopf U 2100 T, ausgerüstet als Niederflurhubwagen für Nutzlasten bis 6,9 Tonnen durch Wirtschaftlichkeit und hohe Auslastung mit Wechselsystem aus. Seine in Sekundenschnelle in ihrer gesamten Länge hydraulisch auf 1600 mm Höhe heb- und senkbare Ladefläche ermöglichte ein problemloses und sicheres Be- und Entladen auch schwerer Güter ohne großen Zeitaufwand zu ebener Erde, an Rampen unterschiedlicher Höhe und über Treppen hinweg. Im Zeitalter der Kommunikation fand der Unimog-Triebkopf als Kabelwagen ein zukunftsträchtiges Betätigungsfeld.

Mercedes-Benz Unimog 437

Zu Beginn der 90er Jahre war der U 2450 aus der schweren Baureihe 437 der leistungsstärkste Vertreter der Unimog-Familie. Vom 240 PS starken, turboluftgeladenen Sechszylinder-Euro 1-Dieselmotor OM 366 LA (ab 1996 Euro 2) angetrieben, wird er vor allem zum Transport schwerster Baumaterialien und Baumaschinen, zum Ziehen und Verfüllen von Kabel- und Rohrleitungsgräben in einem Arbeitsgang in der Energiewirtschaft, zum Be- und Entladen schwerster Lasten im Hallen- und Montagebau sowie als Werkstatt- und Serviceeinheiten auf Großbaustellen eingesetzt. Die leistungsstarke Zugmaschine kann aufgrund ihrer kompakten Abmessungen und hohen Anhängelast von bis zu 30 Tonnen auch längere Tieflader mit entsprechend schwerer Last ziehen und gleichzeitig noch schwere Aufbaugeräte, wie z. B. einen hinter der Fahrerkabine montierten Ladekran mitführen.

Baureihe:	Unimog 437
Modell/Typ:	U 2450
Bauzeit:	1992 –
Motor:	6 Zyl. Diesel, Reihe, OM 366 LA, Direkteinspritzung, Turbolader mit Ladeluftkühlung, Wasserkühlung
Hubraum:	5958 ccm
B x H:	97,5 x 133 mm
Leistung:	240 PS (177 kW) bei 2600
Antrieb:	Allrad; Vorderräder zuschaltbar
Getriebe:	8 V, 8 R, Synchron-Getriebe, Differenzialsperren vorn/hinten
Bremsen:	Scheibenbremsen, ABS (Wunsch)
Lenkung:	hydraulische Servolenkung
Höchstgeschw.:	90 km/h; Kriechgeschw. 0,16 km/h
Leergewicht:	5800 kg
Zul. Gesamtgew.:	10.600 kg – 14.000 kg
Reifen:	13R22,5
Radstand:	3250 mm
Spurweite:	1920 mm
Ladefläche:	2550 (3000) x 2200 x 500 mm
L x B x H:	5190 x 2340 x 2850 mm

Mercedes-Benz Unimog 437

Zu einem alpinen Klassiker avancierte der Unimog schon in den 50er und 60er Jahren. Anfang der 90er Jahre rückte er dann mit starken 240 PS, mit viel Komfort und mit modernster Technik den Schneemassen auf den Land- und Fernstraßen zu Leibe. Selbst meterhohe Schneemassen, zum Beispiel bei der Räumung von Pässen, bewältigt der U 2450 L durch schichtweise hintereinander fahrende Schneefräsen. Auch in den Städten haben sich Schneeschleudern, die mit Hilfe der Zapfwellen unter voller Last zu- und abgeschaltet werden können, als vorteilhaft erwiesen, da sie den Schnee über

den Straßenrand hinweg oder ihn zum Beispiel innerorts direkt auf den vorausfahrenden Lastwagen befördern. Zur Freihaltung der geräumten Straßenfläche erhält der Unimog einen Silostreuer auf der Ladepritsche. Auf diese Weise kann in einem Arbeitsgang der Schnee geräumt und gleichzeitig gestreut werden. Zur besseren Traktion sind vorn und hinten Schneeketten aufgezogen.

Baureihe:	Unimog 437
Modell/Typ:	U 2450 L Winterdienst
Bauzeit:	1992 –
Motor:	6 Zyl. Diesel, Reihe, OM 366 LA, Direkteinspritzung, Turbolader mit Ladeluftkühlung, Wasserkühlung
Hubraum:	5958 ccm
B x H:	97,5 x 133 mm
Leistung:	240 PS (177 kW) bei 2600
Antrieb:	Allrad; Vorderräder zuschaltbar
Getriebe:	8 V, 8 R, Synchron-Getriebe, Differenzialsperren vorn/hinten
Bremsen:	Scheibenbremsen; ABS (Wunsch)
Lenkung:	hydraulische Servolenkung
Höchstgeschw.:	84 km/h; Kriechgeschw. 0,16 km/h
Leergewicht:	4840 kg, (5100 kg)
Zul. Gesamtgew.:	10.600 kg – 14.000 kg
Reifen:	13 R 22,5
Radstand:	3250 mm, (3850 mm U 2450L/38)
Spurweite:	1918 mm
Aufbaulänge:	3250 mm, (4080 mm)
L x B x H:	5150 (6190) x 2340 x 2850 mm
Anmerkungen:	U 2450 L/38: Radstand 3850 mm

Mercedes-Benz Unimog 437

Der völlig neu entwickelte Unimog-Schwerlastgeräteträger U 2400 TG mit deutlich erhöhter Nutzlast und größerer Ladekapazität verband die typischen Eigenschaften des Unimog mit den Vorteilen eines Lkw. Der 2400 TG wurde insbesondere im Hinblick auf den Ganzjahreseinsatz bei Straßen- und Autobahnverwaltungen, in größeren Städten sowie bei Lohnunternehmern konzipiert. Mit den Vorteilen des Lkw als »Lastenträger« kombiniert, erhöhte sich beim U 2400 TG die Tragfähigkeit der zwillingsbereiften Hinterachse auf 11,5 Tonnen. Weitere Pluspunkte waren die niedrige Ladehöhe von 1300 mm sowie die verbesserte Fahrdynamik auch beim Betrieb von schwersten Geräten. Der Hydrostat für stufenloses Fahren war ebenso wie die Nebenabtriebe und die neuentwickelte Hydraulik mit vier Ölkreisen auf Wunsch lieferbar. Auch die Schnellwechseleinrichtung für alle neuen und bisher schon im Fuhrpark vorhandenen Unimog-Frontanbaugeräte und -Aufbauten machten den U 2400 TG zu einem echten Allround-Fahrzeug.

Baureihe:	Unimog 437
Modell/Typ:	U 2400 TG
Bauzeit:	1993–2001
Motor:	6 Zyl. Diesel, Reihe, OM 366 LA, Direkteinspritzung, Turbolader mit Ladeluftkühlung, Wasserkühlung
Hubraum:	5958 ccm
B x H:	97,5 x 133 mm
Leistung:	240 PS (177 kW) bei 2600
Antrieb:	Allrad; Vorderräder zuschaltbar
Getriebe:	8 V, 8 R, Synchron-Getriebe, Differenzialsperren vorn/hinten
Bremsen:	Scheibenbremsen; ABS (Wunsch)
Lenkung:	hydraulische Servolenkung
Höchstgeschw.:	90 km/h
Leergewicht:	6500 kg
Zul. Gesamtgew.:	18.000 kg–21.000 kg
Reifen:	12 R 22,5
Radstand:	4100 mm
Spurweite:	1940 mm
Aufbaulänge:	4360 mm
L x B x H:	6410 x 2500 x 2850 mm
Anmerkungen:	Produktion 180 Exemplare

Mercedes-Benz Unimog 437

Baureihe:	Unimog 437
Modell/Typ:	U 2450 L 6x6 Wohnmobil
Bauzeit:	1995 – 2000
Motor:	6 Zyl. Diesel, Reihe, OM 366 LA, Direkteinspritzung, Turbolader mit Ladeluftkühlung, Wasserkühlung
Hubraum:	5958 ccm
B x H:	97,5 x 133 mm
Leistung:	240 PS (177 kW) bei 2600
Antrieb:	Allrad; Vorderräder zuschaltbar
Getriebe:	8 V, 8 R, Synchron-Getriebe, Differenzialsperren vorn/hinten
Bremsen:	Scheibenbremsen; ABS (Wunsch)
Lenkung:	hydraulische Servolenkung
Höchstgeschw.:	79 km/h
Zul. Gesamtgew.:	17.000 kg
Reifen:	365 / 80R20
Radstand:	3900 + 1400 mm
Spurweite:	1872 mm
Aufbaulänge:	5270 mm
L x B x H:	7242 x 2343 x 2850 mm
Anmerkungen:	Produktion 186 Exemplare

Mit der Markteinführung im Jahre 1995 wurde die schwere Unimog-Baureihe 437 mit dem hochgeländegängigen, dreiachsigen U 2450 L 6x6 letztmalig erweitert. Sein Einsatzspektrum erstreckte sich vor allem auf den schnellen Transport von Materialien, Personen und schweren Gerätekombinationen in unwegsamem Gelände sowie auf die verschiedensten Verwendungsmöglichkeiten als Zug- und Trägerfahrzeug. Universell einsetzbar in Eis und Schnee genauso wie in der Wüste machte ihn seine Unempfindlichkeit gegenüber der verschiedensten klimatischen Verhältnisse. Damit war er für Einsätze im Katastrophenschutz, bei den Feuerwehren und Energieversorungsunternehmen oder auf Expeditionen prädestiniert. Zu den Superlativen gehörte jedoch das Unimog-Wohnmobil mit Unicat-Aufbau. Umfangreiche Wasser- und Kraftstoffvorräte sowie hochwertige Technik und Ausstattung ermöglichten lange Reiseetappen. Als Besonderheit verfügt das Fahrzeug über einen elektrisch angetriebenen Seitenauszug, der den 5690 mm langen Wohnraum um 30 % vergrößert.

Mercedes-Benz Unimog 437

Als kompaktes und leichtes Dreiachsfahrzeug für 7 Tonnen Nutzlast profitierte der Unimog U 2450 L (6x6) von den weltweit bestehenden, logistischen Möglichkeiten der bei den Streitkräften eingesetzten anderen Unimog-Typen. Das Ergebnis: Reduzierung der Kosten für Service und mögliche Reparaturen. Die vielseitigen Einsatzmöglichkeiten bei den Streitkräften machten den Unimog zu weltweit on- und offroad einsetzbaren Fahrzeug. Als Off-road-Bergungsfahrzeug für die australische Armee wurde das größte und bislang leistungsfähigste Mitglied der Unimog-Familie mit einem teleskopierbaren Abschleppbalken, Seilwinden und einem hydraulischen Ladekran ausgerüstet. Darüber hinaus sorgt eine Reifendruckregelanlage für den jeweils optimalen Luftdruck in wechselnden Geländeverhältnissen. Typische Merkmale für Fahrzeuge der australischen Armee sind der Frontschutzbügel und die großen Abschleppösen.

Baureihe:	Unimog 437
Modell/Typ:	U 2450 L (6x6) Militär
Bauzeit:	1995 – 2000
Motor:	6 Zyl. Diesel, Reihe, OM 366 LA, Direkteinspritzung, Turbolader mit Ladeluftkühlung, Wasserkühlung
Hubraum:	5958 ccm
B x H:	97,5 x 133 mm
Leistung:	240 PS (177 kW) bei 2600
Antrieb:	Allrad; Vorderräder zuschaltbar
Getriebe:	8 V, 8 R, Synchron-Getriebe, Differenzialsperren (alle Achsen)
Bremsen:	Zweikreis-Scheibenbremsen
Lenkung:	hydraulische Servolenkung
Höchstgeschw.:	75 km/h
Leergewicht:	8100 kg
Zul. Gesamtgew.:	17.000 kg
Reifen:	365 / 80R20; 365/85R20
Radstand:	3900 + 1400 mm
Spurweite:	1872 mm
Ladefläche:	5200 x 2430 x 500
L x B x H:	7580 x 2500 x 2800 mm

Mercedes-Benz Unimog 408

Baureihe:	Unimog 408
Modell/Typ:	U 90 Kommunal
Bauzeit:	1992 – 1997
Motor:	5 Zyl. Vorkammer-Diesel OM 602 LA Direkteinspritzung, Wasserkühlung
Hubraum:	2874 ccm
B x H:	89 x 92,4 mm
Leistung:	87 PS (64 kW) bei 3600
Antrieb:	Allrad; Vorderräder zuschaltbar
Sonderabtrieb:	Front/Mitte/Heck-Zapfwelle
Getriebe:	8 V, 4 R, Synchron-Getriebe, Differenzialsperren vorn/hinten
Bremsen:	Scheibenbremsen; Wunsch: ABS
Lenkung:	hydraulische Servolenkung
Höchstgeschw.:	85 km/h; Kriechgeschw. 150 m/h
Leergewicht:	3350 kg
Zul. Gesamtgew.:	6200 kg – 6600 kg
Reifen:	10,5-/R20; 275/80R20
Radstand:	2690 mm
Spurweite:	1540 mm
Ladefläche:	1750 x 1700 x 400 mm
L x B x H:	4430 x 1912 x 2590 mm
Anmerkungen:	Produktion 825 Exemplare

Mit einem völlig neuen Erscheinungsbild und einer Menge technischer Innovationen wertete Mercedes-Benz zur IAA 1992 die leichte und mittlere Baureihe auf. Der U 90 der leichten Baureihe 408 löste die älteren Typen U 600 und U 650 der Baureihe 407 ab. Rund 80 Millionen wurden investiert: in ein neu konzipiertes Fahrerhaus, in ein verbessertes Fahrwerk mit ABS und Scheibenbremsen rundum, in die hydraulische Geräteverriegelung »Servolock« und in die Umrüstung für den Einsatz biologisch abbaubarer Hydrauliköle. Auffälligstes Merkmal der neuen kleinen Unimog ist der »Sichtkanal« auf der asymmetrisch abgesenkten Motorhaube. Damit hat der Fahrer vom Sitzplatz aus den vorderen Anbauraum voll im Blick. Das völlig neu konzipierte Ganzstahl-Sicherheitsfahrerhaus mit vergrößertem Innenraum, verbessertem Einstieg und mit ausgefeilten Bedienungselementen wurde »überrollfest« ausgelegt. Das gibt Sicherheit im extremen Gelände. Mit den neuen Unimog-Baureihen wurde erstmals auch eine Rechtslenker-Version angeboten. Das erleichtert die Arbeit zum Beispiel mit dem Straßenkehrgerät.

Mercedes-Benz Unimog 408

Was seit Ende der 80er Jahre mit dem Urban-Unimog als Stadt- und Freizeitmobil in Japan erfolgreich begann, setzte sich wenige Jahre später auch in Europa fort. Der Unimog wurde zum Kultobjekt und hörte auf den Namen »Funmog«. Allen gemeinsam ist die hochwertige, einem Pkw ähnliche Innenausstattung und ein auffallendes Äußeres. Neben einer anderen Form des Aufbaus unterschied sich der Funmog vor allem durch die reichliche Verwendung von Chrom und Edelstahl sowie durch eine Metallic-Lackierung von seinen arbeitenden Brüdern. Als besonderes Ausstattungsdetail galt der verchromte, mehrteilige Rohrbügel hinter dem Fahrerhaus und der Frontpartie sowie Zusatzscheinwerfer und Drucklufthörner. Als eine geradezu ideale Kombination erwies sich innerhalb der Unimog-Familie die 1992 neu auf den Markt gekommene Baureihe 408 (U 90) und 418 (U 110, U 140). Die Fachwelt reagierte darauf und wählte am 15. März 1994 einen U 90 Funmog der Baureihe 408 zum Geländewagen des Jahres.

Baureihe:	Unimog 408
Modell/Typ:	U 90 Funmog
Bauzeit:	1992 – 1997
Motor:	5 Zyl. Vorkammer-Diesel OM 602 LA, Direkteinspritzung, Wasserkühlung
Hubraum:	2874 ccm
B x H:	89 x 92,4 mm
Leistung:	87 PS (64 kW) bei 3600

Antrieb:	Allrad; Vorderräder zuschaltbar	**Leergewicht:**	3350 kg
Sonderabtrieb:	Front/Mitte/Heck-Zapfwelle	**Zul. Gesamtgew.:**	6200 kg – 6600 kg
Getriebe:	8 V, 4 R, Synchron-Getriebe, Differenzialsperren vorn/hinten	**Reifen:**	10,5-/R20; 275/80R20
		Radstand:	2690 mm
Bremsen:	Scheibenbremsen; Wunsch: ABS	**Spurweite:**	1540 mm
		Ladefläche:	1750 x 1700 x 400 mm
Lenkung:	hydraulische Servolenkung	**L x B x H:**	4430 x 1912 x 2590 mm
Höchstgeschw.:	85 km/h; Kriechgeschw. 150 m/h	**Anmerkungen:**	als U 140 mit 133 PS (98 kW)

Mercedes-Benz Unimog 408

Die leichte Baureihe 408 (LBU) gab es auch mit langem Radstand von 3220 mm als geländegängiges Fahrzeug für den Einsatz als Expeditions-, Transport- Feuerwehrfahrzeug oder als Wohnwagen. Bei dem völlig neu konzipierten, geräumig und komfortabel ausgestatteten Ganzstahl-Sicherheitsfahrerhaus wurden erstmals feuerverzinkte Bleche verwendet und bot zudem eine besonders große Überrollfestigkeit und damit eine hohe Sicherheit auch im extremsten Gelände. Bei der Anordnung von Motor und Getriebe unterscheidet Mercedes zwischen einer Blockbauweise und einer aufgelösten Bauweise. Für hochgeländefähige Transportfahrzeuge, wie den U 100 L, wurde die aufgelöste Bauweise gewählt, bei der Motor mit Kupplung und Getriebeblock vom Verteilergetriebe getrennt und über eine Gelenkwelle verbunden war. Das ermöglichte den Einsatz sowohl konventionellen Schalt- wie auch Automatikgetrieben.

Baureihe:	Unimog 408	**Getriebe:**	8 V, 4 R, Synchron-Getriebe, Differenzialsperren vorn/hinten
Modell/Typ:	U 100 L	**Bremsen:**	Scheibenbremsen; Wunsch: ABS
Bauzeit:	1994 – 1997	**Lenkung:**	hydraulische Servolenkung
Motor:	5 Zyl. Vorkammer-Diesel OM 602 LA, Direkteinspritzung, Wasserkühlung	**Höchstgeschw.:**	85 km/h; Kriechgeschw. 150 m/h
Hubraum:	2874 ccm	**Zul. Gesamtgew.:**	5500 kg – 6200 kg
B x H:	89 x 92,4 mm	**Reifen:**	10,5-/R20; 275/80R20
Leistung:	98 PS (72 kW) bei 4000	**Radstand:**	3220 mm
Antrieb:	Allrad; Vorderräder zuschaltbar	**Spurweite:**	1540 mm
Sonderabtrieb:	Front/Mitte/Heck-Zapfwelle	**L x B x H:**	4820 x 1920 x 2640 mm
		Anmerkungen:	Produktion 670 Exemplare

Mercedes-Benz Unimog 408

Fünf Jahre nach seiner Premiere erhielt das kleinste Modell in der großen Unimog-Familie mehr Leistung. Als U 90 turbo löste er 1996 den U 90 ab, er unterschied sich durch den Euro 2-Turbomotor mit Ladeluftkühlung vom Vormodell. 115 PS stark, konnte der neue Turbo-Unimog als Geräteträger und Zugmaschine mit kurzem Radstand (2690 mm) bevorzugt dort eingesetzt werden, wo rund um das Jahr leistungsfähige Geräte gebraucht wurden. Bei Reinigungsarbeiten rund um die Baustelle, wie auch im kombinierten Einsatz als leichtes Baustellen-Unterhaltungsfahrzeug im Straßen- und Wegebau. Der kompakt gebaute und daher sehr wendige U 90 turbo bot im kommunalen Einsatz in Wohn- und Innenstadtbereichen, aber auch im Garten-, Landschafts- und Sportstättenbau hohen Fahr- und Bedienkomfort z. B. beim Mähen, Vertikutieren, Schlitzfräsen und Planieren. Für Winterdienstarbeiten konnte er dank der neuen Anbauplatte und dem Geräteverriegelungssystem Servolock ebenfalls schnell umgerüstet werden.

Baureihe:	Unimog 408
Modell/Typ:	U 90 turbo
Bauzeit:	1996–2001
Motor:	5 Zyl. Diesel, Reihe, OM 602 LA, Direkteinspritzung, Turbolader mit Ladeluftkühlung, Wasserkühlung
Hubraum:	2874 ccm
B x H:	89 x 92,4 mm
Leistung:	115 PS (85 kW) bei 3800
Antrieb:	Allrad; Vorderräder zuschaltbar
Sonderabtrieb:	Front/Heck-Zapfwelle, 540/1000
Getriebe:	8 V, 4 R, Synchron-Getriebe, Differenzialsperren vorn/hinten
Bremsen:	Scheibenbremsen; Wunsch: ABS
Lenkung:	hydraulische Servolenkung
Höchstgeschw.:	85 km/h; Kriechg. 150 m/h
Leergewicht:	3350 kg
Zul. Gesamtgew.:	4800 kg–6600 kg
Reifen:	10,5-/R20; 275/80R20
Radstand:	2690 mm
Spurweite:	1550 mm
Ladefläche:	1750 x 1700 x 400 mm
L x B x H:	4410 x 1910 x 2610 mm

Mercedes-Benz Unimog 408

Neben dem als Geräteträger und Zugmaschine mit kurzem Radstand (2690 mm) eingestuften U 90 turbo gab es in der leichten Baureihe 408 mit dem U 100 L turbo eine Fahrgestellversion, die sich durch ihren langen Radstand von 3220 mm besonders für hochgeländegängige Expedition-, Transport- oder Feuerwehrfahrzeuge anbot. Der kompakte und wendige U 100 L turbo löste den U 100 L ab und bekam den umweltverträglichen Euro 2-Turbomotor mit Ladeluftkühlung OM 602 LA mit einer Leistung von 115 PS (85 kW) eingebaut. Das Ganzstahl-Sicherheitsfahrerhaus bot eine besonders große Überrollfestigkeit und damit hohe Sicherheit auch im extremsten Gelände. Zu den technischen Merkmalen zählte seine Hydraulikanlage, das verbesserte Fahrwerk mit progressiv wirkender Federung, aufwendige Maßnahmen zur Geräuschdämmung, Scheibenbremsen rundum mit asbestfreien Bremsbelägen und ABS, die hydraulisch-mechanische Geräteverriegelung »Servolock« sowie die Möglichkeit einer Verwendung biologisch abbaubarer Hydrauliköle und die verlängerten Wartungsintervalle.

Baureihe:	Unimog 408
Modell/Typ:	U 100 L turbo
Bauzeit:	1996 – 2001
Motor:	5 Zyl. Diesel, Reihe, OM 602 LA, Direkteinspritzung, Turbolader mit Ladeluftkühlung, Wasserkühlung
Hubraum:	2874 ccm
B x H:	89 x 92,4 mm
Leistung:	115 PS (85 kW) bei 3800
Antrieb:	Allrad; Vorderräder zuschaltbar
Getriebe:	5 V, 1 R, Synchron-Getriebe, Differenzialsperren vorn/hinten
Bremsen:	Scheibenbremsen; Wunsch: ABS
Lenkung:	hydraulische Servolenkung
Höchstgeschw.:	85 km/h; Kriechgeschw. 150 m/h
Leergewicht:	2750 kg
Zul. Gesamtgew.:	5500 kg – 6200 kg
Reifen:	10,5-/R20; 275/80R20
Radstand:	3220 mm
Spurweite:	1466 mm
Aufbaulänge:	2885 mm
L x B x H:	4820 x 1920 x 2640 mm

Mercedes-Benz Unimog 418

Baureihe:	Unimog 418
Modell/Typ:	U 110 A Agrar
Bauzeit:	1992 – 1995
Motor:	4 Zyl. Turbo-Diesel, OM 364 A, Direkteinspritzung, Wasserkühlung
Hubraum:	3972 ccm
B x H:	97,5 x 133 mm
Leistung:	102 PS (75 kW) bei 2400
Antrieb:	Allrad; Vorderräder zuschaltbar
Sonderabtrieb:	Front/Mitte/Heck-Zapfwelle
Getriebe:	8 V, 4 R, Synchron-Getriebe, Differenzialsperren vorn/hinten
Bremsen:	Scheibenbremsen; Wunsch: ABS
Lenkung:	hydraulische Servolenkung
Höchstgeschw.:	85 km/h; Kriechgeschw. 150 m/h
Leergewicht:	4150 kg
Zul. Gesamtgew.:	7500 kg
Reifen:	12,5 R 20; 375/75 R 20
Radstand:	2830 mm
Spurweite:	1690 mm
Ladefläche:	1950 x 1900 x 400 mm
L x B x H:	4550 x 2100 x 2670 mm

Markantes Merkmal des U 110 der mittleren Baureihe 418, der zusammen mit dem U 140 und dem U 90 der leichten Baureihe 408 erstmals am 9. Mai 1992 auf der IAA in Hannover der Öffentlichkeit vorgestellt wurde, war das neue Führerhaus mit Sichtkanal-Motorhaube, auffällig und asymmetrisch angeordnet. Die neuen Unimog der leichten und mittleren Baureihe (LBU/MBU) ersetzten die bisherigen Agrar-Unimog U 600 A (Baureihe 407) und U 900 A (Baureihe 417). Für den landwirtschaftlichen Einsatz konnte der U 110 A für Pflegearbeiten, als Allroundtraktor, als Trägerfahrzeug für Aufbaugeräte oder als wirtschaftliches Transportfahrzeug eingesetzt werden. Der 4-Zylinder-LEV-Turbomotor mit einer Leistung von 102 PS und einem Hubvolumen von 3972 ccm entsprach dem Wunsch der Kunden nach mehr Leistung insbesondere im Transportbereich. Eine Besonderheit war vor allem die wahlweise erhältliche Servolock-Einrichtung, ein für den Unimog neues, arbeitserleichterndes System zur hydraulischen Verriegelung aller Anbaugeräte.

Mercedes-Benz Unimog 418

Der Unimog allein wäre wie ein Handwerker ohne Werkzeug. Erst ein breites Sortiment an Geräten machte ihn zur Arbeitsmaschine. Anfang der 90er Jahre gab es für den Unimog weltweit mehr als 3500 An- und Aufbaugeräte, die im Laufe der vielen Jahre in intensiver Zusammenarbeit mit mehr als 230 Geräteherstellern entwickelt worden sind. Voraussetzung für den rationellen Einsatz mit den Arbeitsgeräten sind kurze Rüstzeiten beim Gerätewechsel. War früher das Auswechseln von Spezialmaschinen stets ein Aufwand an Kraft und Zeit, so ließ sich jetzt etwa eine Leitpfosten-Kehrmaschine innerhalb weniger Minuten gegen eine Rohrtrommel zur Kanalreinigung austauschen. Bei den Unimog der leichten und mittleren Baureihe ist dies dank neuer Front-Anbauplatte, »Servolock« und »Sichtkanal« sogar im Einmannbetrieb möglich. Damit wurde der Unimog eine echte Alternative zu Einzweckmaschinen, die ja über weite Teile des Jahres in der Garage stehen.

Baureihe:	Unimog 418
Modell/Typ:	U 110 Kommunal
Bauzeit:	1992 – 1995
Motor:	4 Zyl. Turbo-Diesel, OM 364 A, Direkteinspritzung, Wasserkühlung
Hubraum:	3972 ccm
B x H:	97,5 x 133 mm
Leistung:	102 PS (75 kW) bei 2400
Antrieb:	Allrad; Vorderräder zuschaltbar
Sonderabtrieb:	Front/Mitte/Heck-Zapfwelle
Getriebe:	8 V, 4 R, Synchron-Getriebe, Differenzialsperren vorn/hinten
Bremsen:	Scheibenbremsen; Wunsch: ABS
Lenkung:	hydraulische Servolenkung
Höchstgeschw.:	85 km/h; Kriechgeschw. 150 m/h
Leergewicht:	4150 kg
Zul. Gesamtgew.:	7500 kg
Reifen:	12,5 R 20; 375/75 R 20
Radstand:	2830 mm
Spurweite:	1690 mm
Ladefläche:	1950 x 1900 x 400 mm
L x B x H:	4550 x 2100 x 2670 mm

Mercedes-Benz Unimog 418

Der U 140, der auch als U 130 bezeichnet wurde, rundete die 1992 neu in das Unimog-Programm aufgenommene mittlere Baureihe 418 nach oben ab. Nun verfügte auch das leistungsstärkste Modell dieser Baureihe über den Turbomotor mit Ladeluftkühlung, der die Leistung im U 140 auf 133 PS (98 kW) in der Euro 1 Motor-Version und 140 PS (103 kW) in der Euro 2-Version, anhob. Verbessert wurden auch die Fahreigenschaften im Geräteeinsatz. Das von Grund auf innen und außen neu konzipierte Ganzstahl-Sicherheitsfahrerhaus in Kurzhaubenbauweise wurde in zwei Versionen angeboten: Mit Sichtkanal für Arbeitslösungen in Verbindung mit Frontanbaugeräten in Gewerbe, Industrie, Kommunen und Landwirtschaft; ohne Sichtkanal für Transport- und Geländeeinsatz z. B. als geländegängiges Wohnmobil, Expeditions- oder Feuerwehrfahrzeug. Im Innenraum wartete die Fahrerkabine mit einem großzügigen Platzangebot, viel Beinfreiheit, einem ebenen Fahrerhausboden und guter Durchstiegsmöglichkeit vom Fahrer- zum Beifahrerplatz auf.

Baureihe:	Unimog 418
Modell/Typ:	U 140 (U 130)
Bauzeit:	1992 – 1998
Motor:	4 Zyl. Diesel, Reihe, OM 364 LA, Direkteinspritzung, Turbolader mit Ladeluftkühlung, Wasserkühlung
Hubraum:	3972 ccm
B x H:	97,5 x 133 mm
Leistung:	140 PS (103 kW) bei 2400 (Euro2)
Antrieb:	Allrad; Vorderräder zuschaltbar
Sonderabtrieb:	Front/Mitte/Heck-Zapfwelle
Getriebe:	8 V, 4 R, Synchron-Getriebe, Differenzialsperren vorn/hinten
Bremsen:	Scheibenbremsen; Wunsch: ABS
Lenkung:	hydraulische Servolenkung
Höchstgeschw.:	85 km/h; Kriechgeschw. 150 m/h
Leergewicht:	3920 kg
Zul. Gesamtgew.:	7500 kg
Reifen:	12,5 R 20: 405/70 R 20
Radstand:	2830 mm
Spurweite:	1690 mm
Ladefläche:	1950 x 1900 x 400 mm
L x B x H:	4550 x 2100 x 2670 mm
Anmerkungen:	Produktion 779 Exemplare

Mercedes-Benz Unimog 418

Von Weltenbummlern aller Art hoch geschätzt sind Wohnmobile auf Unimog-Basis. Bei der neuen mittelschweren Baureihe 418, die sich durch ein völlig neues Erscheinungsbild und einer ganzen Menge technischer Innovationen auszeichnete, bildete der hochgeländegängige und mit langem Radstand von 3470 bzw. 3900 mm ausgestattete U 140 L die Basis zum Wohnmobil-Aufbau. Im neu konzipierten Fahrerhaus ging es komfortabel und professionell zu. Weil die Sitzposition weiter nach hinten verlagert wurde, ragt der Motor nicht mehr ins Fahrerhaus hinein. Der Querdurchstieg auf den Beifahrersitz – kein Problem. Mehrfach verstellbare und auf Wunsch luftgefederte Sitze mit Kopfstützen, ebener Fußraum mit viel Beinfreiheit erinnerten an den Komfort großer Trucks. Auch das Cockpit konnte sich sehen lassen. Die einzelnen Anzeigen waren in »Durchlichttechnik« gestaltet und damit nachts gestochen scharf ablesbar. Ein Multifunktionsdisplay informiert über diverse Betriebszustände und warnt bei Unregelmäßigkeiten.

Baureihe:	Unimog 418
Modell/Typ:	U 140 L Wohnmobil
Bauzeit:	1993 – 1998
Motor:	4 Zyl. Diesel, Reihe, OM 364 LA, Direkteinspritzung, Turbolader mit Ladeluftkühlung, Wasserkühlung
Hubraum:	3972 ccm
B x H:	97,5 x 133 mm
Leistung:	140 PS (103 kW) bei 2400 (Euro2)
Antrieb:	Allrad; Vorderräder zuschaltbar
Sonderabtrieb:	Front/Mitte/Heck-Zapfwelle
Getriebe:	8 V, 4 R, Synchron-Getriebe, Differenzialsperren vorn/hinten
Bremsen:	Scheibenbremsen; Wunsch: ABS
Lenkung:	hydraulische Servolenkung
Höchstgeschw.:	91 km/h; Kriechgeschw. 150 m/h
Leergewicht:	3390 kg
Zul. Gesamtgew.:	7500 kg – 9000 kg
Reifen:	12,5 R 20; 375/75 R 20
Radstand:	3470 mm; 3900 mm
Spurweite:	1690 mm
L x B x H:	5210 x 2100 x 2670 mm
Anmerkungen:	Produktion 213 Exemplare

Mercedes-Benz Unimog 418

Auch die leistungsstärkste Version der mittleren Unimog-Baureihe 418 mit neuen, umweltverträglichen LEV-Motoren, die sowohl die geltenden EG-Vorschriften als auch die strengen Grenzwerte in Österreich und in der Schweiz erfüllten und in den Geräuschemissionen erheblich reduziert wurden, gab es als hochgeländegängiges Fahrgestell mit langem Radstand. Der U 140 L der mittleren Baureihe 418 (er löste den U 1150 L ab) wurde als Feuerwehrfahrzeug, wie sein Vorgänger, vor allem als mobile Beobachtungsstation und als Erstangriffsfahrzeug bei der Waldbrandbekämpfung eingesetzt. Denn für diese spezifischen Einsätze der Feuerwehr war ein benutzergerechtes Fahrzeugkonzept Voraussetzung. Dabei kam dem Fahrerhaus ein besonderer Stellenwert zu. Die Mannschaft sollte bequem ein- und aussteigen, die Bedienung ergonomisch günstig und die Heizungs- und Belüftungsanlage sehr leistungsfähig sein. Neben einer 2-sitzigen Kabine gab es auch für den U 140 L eine 4-türige Doppelkabine für eine Besatzung 1 + 6, die auf Wunsch auch als Rechtslenker erhältlich war.

Baureihe:	Unimog 418
Modell/Typ:	U 140 L Feuerwehr
Bauzeit:	1993 – 1998
Motor:	4 Zyl. Diesel, Reihe, OM 364 LA, Direkteinspritzung, Turbolader mit Ladeluftkühlung, Wasserkühlung
Hubraum:	3972 ccm
B x H:	97,5 x 133 mm
Leistung:	140 PS (103 kW) bei 2400 (Euro2)
Antrieb:	Allrad; Vorderräder zuschaltbar
Sonderabtrieb:	Front/Mitte/Heck-Zapfwelle
Getriebe:	8 V, 4 R, Synchron-Getriebe, Differenzialsperren vorn/hinten
Bremsen:	Scheibenbremsen; Wunsch: ABS
Lenkung:	hydraulische Servolenkung
Höchstgeschw.:	91 km/h
Leergewicht:	3390 kg
Zul. Gesamtgew.:	7500 kg – 9000 kg
Reifen:	12,5 R 20
Radstand:	3470 mm; 3900 mm
Spurweite:	1690 mm
Aufbaulänge:	3245 mm
L x B x H:	5210 x 2100 x 2670 mm

Mercedes-Benz Unimog 418

Die zur IAA 1992 vorgestellte mittlere Baureihe 418 wurde 1993 durch eine dritte Modellvariante erweitert: die Triebkopf-Version U 140 T. Sie erhielt, im Gegensatz zu den als Geräteträger im Agrar- und Kommunal-Einsatz verwendeten Fahrzeugen, ein Fahrerhaus ohne Sichtkanal-Motorhaube. Als Serienfahrzeug ist der Unimog-Triebkopf mit einem robusten, speziell für die Bedürfnisse der Triebköpfe entwickelten Rahmen ausgestattet. Standardisierte Anbaupunkte ermöglichen eine sichere, problemlose und solide Verbindung zum Hinterwagen. Ob als Niederflurhubwagen, Schräghubwagen, Absetzkipper, Kabelwagen oder jedes andere Spezialfahrzeug, auch der Unimog Triebkopf U 140 T war, wie seine größeren Brüder der mittelschweren und schweren Baureihe, ein individuell konzipiertes Transportsystem, das sich durch die Einmann-Bedienung vom Fahrersitz aus und durch den Einsatz von Wechselsystemen wirtschaftlich und kostensparend auszeichnete.

Baureihe:	Unimog 418
Modell/Typ:	U 140 T Triebkopf
Bauzeit:	1993 – 1995
Motor:	4 Zyl. Diesel, Reihe, OM 364 LA, Direkteinspritzung, Turbolader mit Ladeluftkühlung, Wasserkühlung
Hubraum:	3972 ccm
B x H:	97,5 x 133 mm
Leistung:	140 PS (103 kW) bei 2400 (Euro2)
Antrieb:	Vorderräder
Sonderabtrieb:	lastschaltbare Zapfwelle vorn
Getriebe:	8 V, 4 R, Synchron-Getriebe, Differenzialsperre vorn
Bremsen:	Zweikreis-Scheibenbremse
Lenkung:	hydraulische Servolenkung
Höchstgeschw.:	85 km/h
Leergewicht:	2800 kg
Zul. Gesamtgew.:	12.000 kg – 13.000 kg
Reifen:	10,5-/R20; 12,5 R 20
Spurweite:	1616 mm
L x B x H:	2610 x 2100 x 2545 mm
Anmerkungen:	Produktion 11 Exemplare

Mercedes-Benz Unimog 409

Der Produktbereich Unimog der Mercedes-Benz AG hatte 1996 sein Angebot um einen völlig neu entwickelten Geräteträger der Kompaktklasse erweitert: Der Unimog UX 100 war mit einer Fahrzeugbreite von 1,6 m, einer Höhe von weniger als 2 m und einem zulässigen Gesamtgewicht von 3,5 t bis 4,8 t als wendige Arbeitsmaschine für die Bewältigung der vielfältigen Aufgaben auf engem und niedrigem Raum prädestiniert. Im Mittelpunkt standen dabei Garten-, Landschafts- und Sportplatzbau, der Wegebau, die Reparatur, Ausbesserung und Reinigung von Straßen, der Stückgutumschlag sowie die Durchführung von Transporten und Arbeitsaufgaben im Rahmen der Entsorgung. Der UX 100 Geräteträger hatte serienmäßig eine Komplettausrüstung mit hydrostatischem Fahrantrieb, Zweikreishydaulik, Euro 2-Motor, dem Schnellkoppelsystem »Unilift« mit integrierter Fronthubvorrichtung und mit einem zuschaltbaren Allradantrieb. Doch der Unimog UX 100 trug nur kurze Zeit den Mercedes-Stern. Mit der Konzentration auf das Kerngeschäft – der Entwicklung, Produktion und Vertrieb von Lkw-Geräteträgern mit einer Fahrzeugbreite über 1,6 m – wurde der UX 100 zum 1. Januar 1999 an die Hako-Firmengruppe verkauft.

Baureihe:	Unimog 409
Modell/Typ:	UX 100 H
Bauzeit:	1996–1998
Motor:	5 Zyl. Diesel, Reihe, OM 602 LA, Direkteinspritzung, Turbolader mit Ladeluftkühlung, Wasserkühlung
Hubraum:	2874 ccm

B x H:	89 x 92,4 mm
Leistung:	98 PS (72 kW) bei 4000
Antrieb:	Allrad; Vorderräder zuschaltbar
Sonderabtrieb:	Front/Heck-Zapfwelle 540/1000
Getriebe:	8 V, 4 R, Synchron-Getriebe, hydrostatischer Fahrantrieb
Bremsen:	Scheibenbremsen; Wunsch: ABS

Lenkung:	hydraulische Servolenkung
Höchstgeschw.:	80 km/h
Leergewicht:	2470 kg
Reifen:	205/75 R 16
Radstand:	2150 mm
Spurweite:	1270 mm
L x B x H:	4055 x 1600 x 1990 mm

Mercedes-Benz Unimog 405

DaimlerChrysler führte ab April 2000 eine völlig neue Unimog-Generation mit drei Modellreihen am Markt ein, die hinsichtlich Wirtschaftlichkeit und Technik auf die veränderten Anforderungen von Industrie, Kommunen und Straßenunterhaltung an flexible Geräteträger und leistungsstarke Zugmaschinen ausgelegt ist. Zu den Neuheiten der aktuellen Unimog-Reihe zählen unter anderem die Fahrerkabine aus leichtem Faserverbund-Werkstoff (FVW) mit hervorragender Rundumsicht durch tief heruntergezogene Scheiben, Euro 3-Dieselmotoren, die Telligent-Schaltung mit elektronischem Antriebsmanagement, der permanente Allradantrieb, das Arbeits- und Leistungshydrauiksystem VarioPower und die Wechsellenkung VarioPilot für die Einmann-Bedienung von Fahrzeug und Geräten. Mit einer Leistung von 110 kW (150 PS) ist der U 300 das kleinste Modell der neuen Unimog-Generation, deren Typen- und Verkaufsbezeichnungen sich nicht mehr an dem aufgewerteten verzehnfachten PS-Wert orientierten, wie es seit Mitte der 70er Jahre beim Unimog üblich war.

Baureihe:	Unimog 405
Modell/Typ:	U 300
Bauzeit:	2000 –
Motor:	4 Zyl. Diesel, Reihe, OM 904 LA, Direkteinspritzung, Turbolader mit Ladeluftkühlung, Wasserkühlung
Hubraum:	4249 ccm
Leistung:	110 kW (150 PS) bei 2200
Antrieb:	permanenter Allradantrieb
Getriebe:	8V, 6R, Vollsynchronwendegetr., Differenzialsperre hinten
Bremsen:	Scheiben, Motorbremse, ABS
Lenkung:	hydraulische Servolenkung
Höchstgeschw.:	85 km/h; Kriechgeschw. 0,1 km/h
Zul. Gesamtgew.:	7500 kg
Reifen:	12,5 R 20
Radstand:	3080 bzw. 3600 mm
Spurweite:	1768 mm
L x B x H:	5100 (5620) x 2150 x 2830 mm
Anmerkungen:	auch mit 130 kW (177 PS)

Mercedes-Benz Unimog 405

Der spezielle landwirtschaftliche Einsatz, einst eine Domäne des »Alleskönners«, hat sich seit Mitte der 80er Jahre auf eine kombinierte Verwendung mit dem Kommunal-Einsatz reduziert. Denn fast 90 Prozent der heute produzierten Unimog werden für die Erledigung von Arbeitsaufgaben bei Kommunen und Behörden, in Gewerbe und Industrie sowie in der Bau- und Energiewirtschaft eingesetzt. Beispielsweise mit einem Front-Flächenmulcher des Unimog-Geräte-System-Partners Drücker ausgerüstet, beweist der 150 PS starke Unimog U 300 (kurzer Radstand) eindrucksvoll, wie mit kleiner Motorleistung und Frontzapfwelle hohe Flächenleistungen beim Mulchen erzielt werden können. Das geräumige Fahrerhaus mit integrierter Klimaanlage, die serienmäßige Telligent-Schaltung mit Tempomat und die leistungsfähige Hydraulikanlage mit bequemer Joystick-Bedienung tragen zur Konditionssicherheit des Fahrers bei der Erledigung aller kommunalen Arbeitsaufgaben über den ganzen Tag hinweg bei.

Baureihe:	Unimog 405
Modell/Typ:	U 300 Kommunal
Bauzeit:	2000 –
Motor:	4 Zyl. Diesel, Reihe, OM 904 LA, Direkteinspritzung, Turbolader mit Ladeluftkühlung, Wasserkühlung
Hubraum:	4249 ccm
Leistung:	110 kW (150 PS) bei 2200
Antrieb:	permanenter Allradantrieb
Getriebe:	8V, 6R, Vollsynchronwendegetr., Differenzialsperre hinten
Bremsen:	Scheiben, Motorbremse, ABS
Lenkung:	hydraulische Servolenkung
Höchstgeschw.:	85 km/h; Kriechgeschw. 0,1 km/h
Zul. Gesamtgew.:	7500 kg – 10.200 kg
Reifen:	12,5 R 20
Radstand:	3080 bzw. 3600 mm
Spurweite:	1768 mm
L x B x H:	5100 (5620) x 2150 x 2830 mm
Anmerkungen:	Auf Wunsch: 130 kW (177 PS)

Baureihe:	Unimog 405
Modell/Typ:	U 300 Kommunal
Bauzeit:	2000 –
Motor:	4 Zyl. Diesel, Reihe, OM 904 LA, Direkteinspritzung, Turbolader mit Ladeluftkühlung, Wasserkühlung
Hubraum:	4249 ccm

Leistung:	110 kW (150 PS) bei 2200
Antrieb:	permanenter Allradantrieb
Getriebe:	8V, 6R, Vollsynchronwendegetr., Differenzialsperre hinten
Bremsen:	Scheiben, Motorbremse, ABS
Lenkung:	hydraulische Servolenkung
Höchstgeschw.:	85 km/h; Kriechgeschw. 0,1 km/h

Mercedes-Benz Unimog 405

Für Lohnunternehmer, die kommunale Aufgaben als zusätzliche Erwerbsquellen in ihr Leistungsspektrum aufgenommen haben, ist vor allem der »kleine« Vertreter der neuen Unimog-Generation, dem U 300 mit kurzem Radstand, von höchstem Interesse. Ausgerüstet mit einem Hochdruck-Reinigungsgerät des Unimog-Geräte-System-Partners Leistikow und mit einem 2500 Liter fassenden Wasserbehälter auf der Unimog-Pritsche, kann der U 300 für die Kanal-, Drainage- und Flächenreinigung eingesetzt werden. Das Schnellwechsel-Frontanbaugerät ist mit einer hydraulischen Hebe- und Senkvorrichtung versehen und mit einer über die Unimog-Zapfwelle angetriebenen Hochdruckpumpe kombiniert. Die Wechsellenkung VarioPilot des U 300 ermöglicht das sichere Reinigen von Fahrbahn, Leitplanken, Kanalschächten, Gebäudefassaden, Zäunen etc. auf der dem Verkehr abgewandten linken oder rechten Straßenseite.

Zul. Gesamtgew.:	7500 kg – 10.200 kg
Reifen:	12,5 R 20
Radstand:	3080 bzw. 3600 mm
Spurweite:	1768 mm
L x B x H:	5100 (5620) x 2150 x 2830 mm
Anmerkungen:	Auf Wunsch: 130 kW (177 PS)

Mercedes-Benz Unimog 405

Außen und innen völlig neu gestaltet, zeichnete sich die Fahrerkabine aus leichtem aber hochfestem Faserverbund-Werkstoff durch eine hohe Festigkeit bei gleichzeitiger Korrosionsfreiheit aus. Alle wichtigen Bedienungseinrichtungen für die Unimog der neuen Generation, die elektronisch gesteuerte Telligent-Schaltung mit bis zu 24 Gangstufen und die Joystick-Bedieneinheit für die Leistungshydraulik VarioPower sind zentral auf einer Mittelkonsole zusammengefasst. Auf Wunsch wird der U 400, wie auch der U 300 und U 500, mit der völlig neuen Wechsellenkung VarioPilot geliefert. Damit lässt sich die komplette Lenksäule mit einem Handgriff zusammen mit der Instrumententafel und Pedalanlage von der Fahrer- zur Beifahrerseite verschieben. So kann der Fahrer für jeden Einsatzzweck die für ihn zur bestmöglichen Steuerung der Arbeitsgeräte günstigste Sitz- und Sichtposition wählen. Bedarfs- und praxisgerechter, serienmäßiger Standard sind komfortable Sitze mit integrierten 3-Punkt-Sicherheitsgurten, eine Heizungs- und Lüftungsanlage sowie eine integrierte Klimaanlage.

Baureihe:	Unimog 405
Modell/Typ:	U 400
Bauzeit:	2000 –
Motor:	4 Zyl. Diesel, Reihe, OM 904 LA, Direkteinspritzung, Turbolader mit Ladeluftkühlung, Wasserkühlung
Hubraum:	4249 ccm
Leistung:	130 kW (177 PS) bei 2200
Antrieb:	permanenter Allradantrieb
Getriebe:	8V, 6R, Vollsynchronwendegetr., Differenzialsperre hinten
Bremsen:	Scheiben, Motorbremse, ABS
Lenkung:	hydraulische Servolenkung
Höchstgeschw.:	85 km/h; Kriechgeschw. 0,1 km/h
Zul. Gesamtgew.:	11.990 kg – 12.500 kg
Reifen:	305/70 R 22,5 Li 152L, Strasse
Radstand:	3080 mm bzw. 3600 mm
Spurweite:	1734 mm
Ladefläche:	2400 (2900) x 2200 x 400 mm
L x B x H:	5100 (5620) x 2200 x 2680 mm
Anmerkungen:	Auf Wunsch: 170 kW (231 PS)

Mercedes-Benz Unimog 405

Bei den neuen Unimog-Modellen der Baureihe 405 wird eine Geräte-System-Partnerschaft praktiziert, bei der Fahrzeuge und Geräte gemeinsam mit führenden Geräteherstellern im In- und Ausland entwickelt und erprobt wurden. Für den Einsatz im Baugewerbe, beispielsweise an häufig stark verschmutzten Baustellen-Ausfahrten oder an Zufahrtswegen von Kieswerken, wurde vom Geräte-System-Partner Drücker für den U 400 mit kurzem Radstand eine Kombination von Frontkehrbesen, Schmutzkratzer und Flächenspritzbalken entwickelt, die zusammen mit einem 3000 Liter-Wasserfass auf der Pritsche, drei Arbeitsgänge – Vorreinigung mit dem Schmutzkratzer, Hauptreinigung mit dem Kehrbesen und Nachreinigung mit dem Hochdruckspritzbalken – in einer einzigen Überfahrt ermöglichen. Bei diesem Arbeitsprozess wirken sich die Langsamfahr-Eigenschaften der Unimog-Arbeitsgruppe mit einem in acht Gängen fein abgestuften Geschwindigkeitsbereich von 1,5 km/h bis 15 km/h besonders aus.

Baureihe:	Unimog 405
Modell/Typ:	U 400 Baugewerbe
Bauzeit:	2000–
Motor:	4 Zyl. Diesel, Reihe, OM 904 LA, Direkteinspritzung, Turbolader mit Ladeluftkühlung, Wasserkühlung
Hubraum:	4249 ccm
Leistung:	130 kW (177 PS) bei 2200
Antrieb:	permanenter Allradantrieb
Getriebe:	8V, 6R, Vollsynchronwendegetr., Differenzialsperre hinten
Bremsen:	Scheiben, Motorbremse, ABS
Lenkung:	hydraulische Servolenkung
Höchstgeschw.:	85 km/h
Zul. Gesamtgew.:	11.990 kg–12.500 kg
Reifen:	305/70 R 22,5
Radstand:	3080 mm bzw. 3600 mm
Spurweite:	1734 mm
Ladefläche:	2400 (2900) x 2200 x 400 mm
L x B x H:	5100 (5620) x 2200 x 2860 mm
Anmerkungen:	Auf Wunsch: 170 kW (231 PS)

Mercedes-Benz Unimog 405

Wie schon ihre Vorgänger, setzte auch die neue Unimog-Generation den traditionellen Zweiwegeeinsatz auf Schiene und Straße fort, für die es nach wie vor keine Alternative gibt. Als Rangierlok mit einer Schienenführungs-Einrichtung und mit einer Wandler-Schaltkupplung ausgerüstet, ist der U 400, wie auch der U 300, für Lasten bis zu 1000 Tonnen ausgelegt. Die Wandler-Schaltkupplung erleichtert das Ziehen und Anfahren mit schwersten Lasten ruckfrei und mit weniger Schaltvorgängen ohne Kupplungsverschleiß, denn mit dem Drehmomentwandler wird das Motor-Drehmoment bis zum 2,5-fachen überhöht. Die integrierte Überbrückungskupplung schließt beim Erreichen einer bestimmten Drehzahldifferenz automatisch (»Lock-Up«). Wird die Schienenführungs-Einrichtung an Front und Heck hochgeklappt, kann der Unimog die Schienen verlassen und für andere Zwecke, beispielsweise mit Geräten zum Mähen, Reinigen oder Instandhalten der Bahnanlagen, genutzt werden. Und für die Betankung reicht eine ganz normale Tankstelle.

Baureihe:	Unimog 405
Modell/Typ:	U 400 Zweiwege
Bauzeit:	2000–
Motor:	4 Zyl. Diesel, Reihe, OM 904 LA, Direkteinspritzung, Turbolader mit Ladeluftkühlung, Wasserkühlung
Hubraum:	4249 ccm
Leistung:	130 kW (177 PS) bei 2200

Antrieb:	permanenter Allradantrieb
Getriebe:	8V, 6R, Vollsynchronwendegetr., Differenzialsperre hinten
Bremsen:	Scheiben, Motorbremse, ABS
Lenkung:	hydraulische Servolenkung
Höchstgeschw.:	85 km/h; Kriechgeschw. 0,15 km/h
Zul. Gesamtgew.:	11.990 kg – 12.500 kg

Reifen:	305/70 R 22,5 Li 152L, Strasse
Radstand:	3080 mm bzw. 3600 mm
Spurweite:	1734 mm
Ladefläche:	2400 (2900) x 2200 x 400 mm
L x B x H:	5100 (5620) x 2200 x 2860 mm
Anmerkungen:	Auf Wunsch: 170 kW (231 PS)

Mercedes-Benz Unimog 405

Mit dem U 500, der ab April 2001 am Markt zu haben war, rundete DaimlerChrysler die neue Unimog-Generation nach oben ab. Im Gegensatz zu den »kleineren« Varianten U 300 und U 400, bei denen der Vierzylinder OM 904 eingebaut ist, erhielt das neue Flaggschiff als leistungsstärkster Vertreter der neuen Geräteträger-Baureihen den Sechszylinder OM 906 LA mit 6370 ccm und einer Leistung von 170 kW, der auf Wunsch sogar mit 205 kW zu haben ist. Als Nachfolger der schweren Unimog-Baureihe 437 (U 2100 bis U 2450) hob er gleichzeitig die Nutzlast auf bis zu 16 Tonnen zulässiges Gesamtgewicht an und bildete mit langem Radstand und einer Fahrzeugbreite von 2300 mm (schmaler als ein Lkw) eine hervorragende Basis für links und rechts kehrende Profi-Kehrmaschinen im Ganzjahreseinsatz. Fahrkomfort pur bieten die Wechsellenkung VarioPilot und der hydrostatische Fahrantrieb. Wie alle Unifant-Kehrmaschinenaufbauten ist auch der neue Unifant 60 des Unimog-Geräte-System-Partners Bucher-Schörling als Wechselaufbau konzipiert und kann in etwa 30 Minuten auf- oder abgebaut werden. Damit steht der Unimog – je nach Jahreszeit – als Geräteträger-Basisfahrzeug für Mäh- oder Winterdienst-Arbeitsaufgaben zur Verfügung.

Baureihe:	Unimog 405	**Lenkung:**	hydraulische Servolenkung
Modell/Typ:	U 500	**Höchstgeschw.:**	85 km/h; Kriechgeschw. 0,15 km/h
Bauzeit:	2001 –	**Zul. Gesamtgew.:**	14.000 kg – 16.000 kg
Motor:	6 Zyl. Diesel, Reihe, OM 906 LA Direkteinspritzung, Turbolader mit Ladeluftkühlung, Wasserkühlung	**Reifen:**	315 / 80 R 22,5 Strasse
		Radstand:	3350 mm bzw. 3900 mm
		Spurweite:	1828 mm
Hubraum:	6370 ccm	**Ladefläche:**	2670 (3450) x 2300 x 400 mm
Leistung:	170 kW (231 PS) bei 2200		
Antrieb:	permanenter Allradantrieb	**L x B x H:**	5384 (6120) x 2300 x 2970 mm
Getriebe:	8V, 6R, Vollsynchronwende-getr., Differenzialsperre hinten		
		Anmerkungen:	Auf Wunsch: 205 kW (279 PS)
Bremsen:	Scheiben, Motorbremse, ABS